Rainer Görlacher (Hrsg.)

Karlsruher Tage 2012 – Holzbau

Forschung für die Praxis
Karlsruhe, 04. Oktober – 05. Oktober 2012

Karlsruher Tage 2012 – Holzbau

Forschung für die Praxis
Karlsruhe, 04. Oktober – 05. Oktober 2012

Rainer Görlacher
(Hrsg.)

Impressum

Karlsruher Institut für Technologie (KIT)
KIT Scientific Publishing
Straße am Forum 2
D-76131 Karlsruhe
www.ksp.kit.edu

KIT – Universität des Landes Baden-Württemberg und
nationales Forschungszentrum in der Helmholtz-Gemeinschaft

KIT Scientific Publishing 2012
Print on Demand

ISBN 978-3-86644-913-8

Vorwort

Nach zweijähriger Pause werden dieses Jahr wieder die Karlsruher Tage stattfinden. Seit dem Jahr 2000 hatte sich die Reihe, bisher vom Lehrstuhl für Ingenieurholzbau und Baukonstruktionen in Kooperation mit einem Fachverlag veranstaltet, erfolgreich als Bindeglied zwischen Forschung und Praxis im Holzbau positioniert.

Angeregt durch das erfolgreiche Festkolloquium „90 Jahre Versuchsanstalt für Stahl, Holz und Steine" im Jahre 2011 wird künftig die Veranstaltung „Karlsruher Tage" von den beiden Abteilungen Stahl und Leichtbau sowie Holzbau und Baukonstruktionen der Versuchsanstalt gemeinsam ausgerichtet. Die Themenschwerpunkte werden dabei abwechselnd Stahlbau und Holzbau sein.

In diesem Jahr werden die aktuellen Entwicklungen auf dem Gebiet der massiven Holzbauweisen wie Brettsperrholz sowie massive Decken- und Wandelementen aus nachgiebig miteinander verbundenen Brettern behandelt. Als Gegensatz zu den massiven Bauweisen sind aber auch neue Entwicklungen bei Fachwerkträgern zu nennen, die zu einer Renaissance des Fachwerkträgers im Holzbau führen können.

Aus der Praxis werden über neue Anwendungen von Vollgewindeschrauben und über Möglichkeiten und Erfahrungen bei Langzeitüberwachungen von Holztragwerken berichtet. Innovative Verbindungstechnik im Holzbau wird auch in einem Bericht über die Eilat Kuppel am Roten Meer thematisiert.

Karlsruhe,
im Oktober 2012

Hans Joachim Blaß
Karlsruher Institut für Technologie (KIT)

Inhalt

Fachwerkträger für den industriellen Holzbau

Markus Enders-Comberg

Zusammenfassung

Die Bemessung der Tragfähigkeit von Verbindungen in Tragwerken des Ingenieurholzbaus zählt zu den wichtigsten Aufgaben des konstruktiven Holzbauingenieurs. Im Rahmen eines Entwicklungsvorhabens sollten die Voraussetzungen zur Realisierung von Fachwerkträgern für den industriellen Holzbau geschaffen werden. Diese Konstruktionen sollen konkurrenzfähig zu herkömmlichen Bauweisen sein und sowohl effiziente als auch ästhetische Knotenverbindungen bieten. Ausgewählte Ergebnisse und Bemessungsansätze aus diesem Forschungsgebiet werden im vorliegenden Beitrag vorgestellt. Dazu wird beispielhaft die charakteristische Tragfähigkeit eines Fachwerkträgers bestimmt. Eine Gegenüberstellung von herkömmlichen Verbindungen (Stirnversatz und Stahlblech-Holz-Verbindung) und neuen Verbindungsmöglichkeiten (Treppenversatz und Gewindestange in Brettsperrholz) werden präsentiert und erläutert.

1 Einleitung

Ein Fachwerk ist ein Tragsystem aus mehreren Stäben, die durch Gelenke an den Stabenden miteinander verbunden sind. Ein Fach besteht aus drei Stäben, welche im Wesentlichen durch Längskräfte beansprucht werden, vorausgesetzt die Einleitung der Lasten erfolgt in den Knotenpunkten. Schon im 19. Jahrhundert schreibt Culmann [1] in seiner Arbeit, zit. nach [2]: „In jeder Beziehung erscheint … das Fachwerk als die vollkommenste Construction; und in neuerer Zeit ist es gar fein ausgebildet worden und hat an Verbreitung außerordentlich gewonnen". Diese Feststellung von Culmann trifft auch heute noch zu und macht die Attraktivität von Fachwerkträgern im Hochbau deutlich. Sichtbare Fachwerkträger aus Holz sind im industriellen Holzbau vergleichsweise selten, obwohl der aufgelöste Fachwerkträger im Vergleich zum Vollwandträger einige Vorteile aufweist. Neben der aufgelösten Form und den damit verbundenen optischen Vorzügen, ist auch der Materialverbrauch bei Fachwerkträgern deutlich geringer als bei massiven Tragsystemen. Die Betrachtung von gängigen Fachwerkträgertypen zeigt, dass lediglich im nichtsichtbaren Bereich für Spannweiten zwischen 15 m und 30 m Nagelplattenbinder sehr erfolgreich sind, da eine schnelle und wirtschaftliche Bemessung durch Softwareunterstützung möglich ist. Zusätzlich ist die Verbindung mit Nagelplatten sehr effizient, da die Stabquerschnitte kaum geschwächt werden und nahezu der volle Stabquerschnitt zur Kraftübertragung zur Verfügung steht. Gerade bei großer Stückzahl erweist sich die Herstellung von Nagelplattenbindern als sehr wirtschaftlich. Allerdings sind diese Konstruktionen bei Brandbeanspruchung als äußerst kritisch anzusehen. Im Gegensatz dazu sind Stabdübelverbindungen in Fachwerkträgern sehr arbeitsintensiv und schwächen den Bruttoquerschnitt signifikant. Trotz einiger Vorteile von Verbindungen mit z. B. Nagelplatten oder Stabdübeln wird ein Optimierungsbedarf im Ingenieurholzbau deutlich. Die Wirtschaftlichkeit von Fachwerkträgern wird hauptsächlich von der Ausbildung der Stabanschlüsse bestimmt. Im Rahmen eines Forschungsvorhabens [3] am Lehrstuhl für Holzbau und Baukonstruktionen des KIT wurde ein Fachwerkträger für den industriellen Holzbau entwickelt, welcher zu anderen Fachwerkformen konkurrenzfähig ist und sowohl effiziente, als auch ästhetische Knotenverbindungen bietet, die darüber hinaus auch eine hohe Feuerwiderstandsdauer aufweisen. Im Folgenden werden herkömmliche Fachwerkträgerlösungen mit neu entwickelten Verbindungen verglichen und Versuchsergebnisse von in Brettsperrholz (BSP) eingedrehten Gewindestangen, welche in axialer Richtung des Verbindungsmittels auf Zug beansprucht werden, vorgestellt. Des Weiteren wurden modifizierte Versatzverbindungen entwickelt und experimentell untersucht. Die notwendige Verankerung der Zugdiagonale im Gurt erforderte eine Betrachtung der Ausziehtragfähigkeit von Gewindestangen in Hybrid-Brettschichtholz. Der Einfluss von Querschnittsschwächungen auf die Druckfestigkeit parallel zur Faser in Brettschichtholz (BSH) wird ebenfalls betrachtet.

Beispiel Fachwerkträgersystem

In dem vorliegenden Beitrag werden neben neuesten Forschungsergebnissen auch Bemessungsvorschläge gezeigt. Diese sollen dem planenden Ingenieur helfen, eine Tragkonstruktion, bestehend aus nicht normativ geregelten Verbindungen, mit herkömmlichen Knotenausbildungen zu vergleichen. Die in einer Bemessung kritischen Bereiche (Zug- und Druckdiagonalenanschluss, Ober- und Untergurt) werden im Folgenden vorgestellt und näher betrachtet. Neben neuen Bemessungsvorschlägen sind vergleichend die charakteristischen Widerstände von alternativen, bisher üblichen Verbindungen dargestellt. Diese sollen anhand eines Beispielfachwerkträgers der Länge 10 m und der Höhe 1,25 m verdeutlicht werden. Das statische System und die Einteilung der Bauteile mit Angabe der Abmessungen sind der Abb. 1 zu entnehmen. Im Folgenden wird zuerst eine typische Knotenverbindung und anschließend eine innovative Lösung zur Ausbildung von effektiven und wirtschaftlichen Fachwerkträgern vorgestellt und miteinander verglichen. Anhand der Beispiele wird die Berechnung der Tragfähigkeit einer Verbindung nach Eurocode 5 [4] bzw. einer alternativen Vorgehensweise vorgestellt.

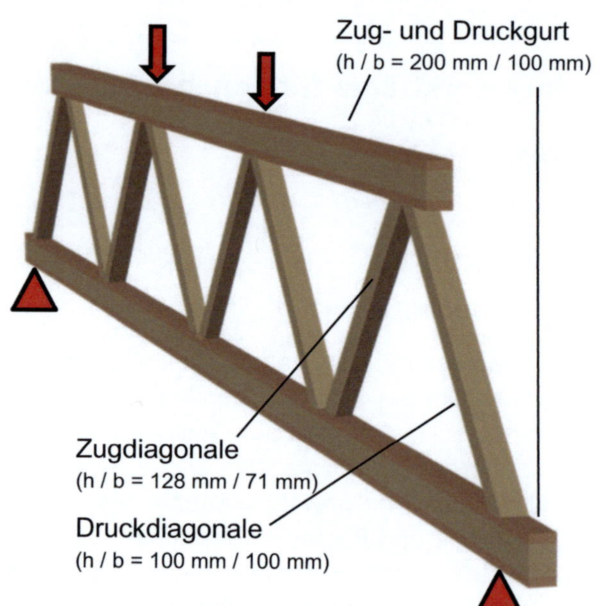

Abb. 1   Beispiel Fachwerkträger

2   Druckdiagonale

Mit Hilfe einer formschlüssigen zimmermannsmäßigen Verbindung soll der Anschluss einer Druckdiagonale an einen durchlaufenden Gurt realisiert werden. Versatzverbindungen werden seit Jahrhunderten in Holztragwerken verwendet und sind aus historischen Fachwerkhäusern und Sparrenanschlüssen bekannt. Obwohl die Vorteile dieser Verbindung schon lange offensichtlich sind, hat sich der Anschluss auf maximal zwei Versätze pro Verbindung (doppelter Versatz) beschränkt. Für eine formschlüssige Verbindung ist eine passgenaue Herstellung unabdingbar. Dröge und Stoy [5] haben diese Problematik wie folgt beschrieben: „Mit Rücksicht auf die erforderliche große Arbeitsgenauigkeit ist der doppelte Versatz nur bedingt und der dreifache nicht zu empfehlen. Bei ungenauer Ausführung klafft allerdings eine der beiden Kontaktflächen, und infolge der unplanmäßigen Kraftübertragungen treten erhebliche Überbeanspruchungen auf". Da in heutiger Zeit die Qualität der Versatzanschlüsse nicht mehr vom handwerklichen Geschick des Zimmermanns abhängig ist, sondern durch hochmoderne CNC-gesteuerte Abbundmaschinen gewährleistet wird, sind auch geometrisch komplexe Kontaktverbindungen wieder wirtschaftlich.

2.1 Stirnversatz

Der Stirnversatz bietet eine einfache und wirksame Möglichkeit, Druckkräfte aus den Diagonalen in die Gurte zu übertragen. Die Tragfähigkeit kann nach dem nationalen Anhang des EC 5 [6], Kapitel NCI NA. 12.1 bestimmt werden. Die Abmessungen des hier betrachteten Stirnversatzes sind in Abb. 2 dargestellt.

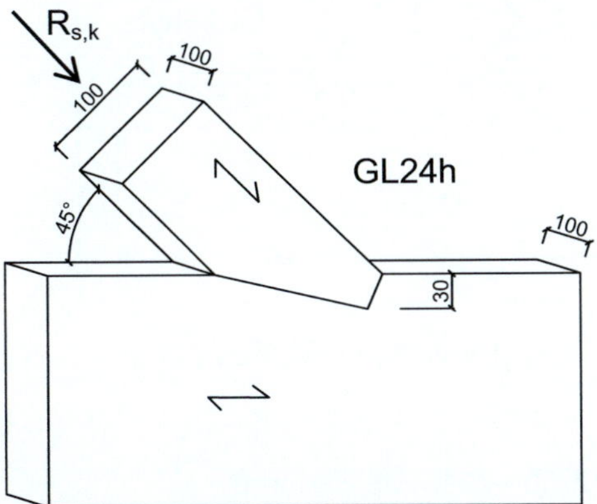

Abb. 2   Stirnversatz, Maße in mm

Bemessung Stirnversatz:

Stabilitätsversagen des Druckstabes ist nicht maßgebend

$$f_{c,\alpha',k} = \frac{f_{c,0,k}}{\sqrt{\left(\frac{f_{c,0,k}}{2 \cdot f_{c,90,k}} \sin^2\alpha'\right)^2 + \left(\frac{f_{c,0,k}}{2 \cdot f_{v,k}} \sin\alpha' \cdot \cos\alpha'\right)^2 + \cos^4\alpha'}}$$

$$= \frac{24}{\sqrt{\left(\frac{24}{2 \cdot 2,7} \sin^2(22,5°)\right)^2 + \left(\frac{24}{2 \cdot 2,7} \sin(22,5°) \cdot \cos(22,5°)\right)^2 + \cos^4(22,5°)}}$$

$$f_{c,22,5°,k} = 12,61 \, N/mm^2$$

$$\rightarrow R_{s,k} = \frac{b \cdot t_v \cdot f_{c,22,5°,k}}{\cos^2(22,5°)} = 44,3 \, kN$$

Eine ausreichend große Vorholzlänge wird vorausgesetzt, sodass ein lokales Druckversagen in der Stirnfläche maßgebend ist. Die Druckdiagonale kann eine charakteristische Last von 44,3 kN aufnehmen.

2.2 Treppenversatz

Eine Modifikation der bestehenden Versatzgeometrie scheint sinnvoll, um die Querschnitte möglichst effizient zu nutzen. Durch den Ein-

satz eines Treppenversatzes soll die vollständige Strebenhöhe h = 100 mm zur Kraftübertragung genutzt werden. Die Verzahnung zwischen Strebe und Gurtbauteil wird über mehrere Fersenversätze erreicht. Ein Treppenversatz ist schematisch in Abb. 3 dargestellt. Der Treppenversatz wird durch eine geringe Einschnitttiefe und möglichst viele Fersenversätze charakterisiert. Die maximale Fersenanzahl ist von der Strebenhöhe, der Einschnitttiefe und vom Strebenanschlusswinkel abhängig.

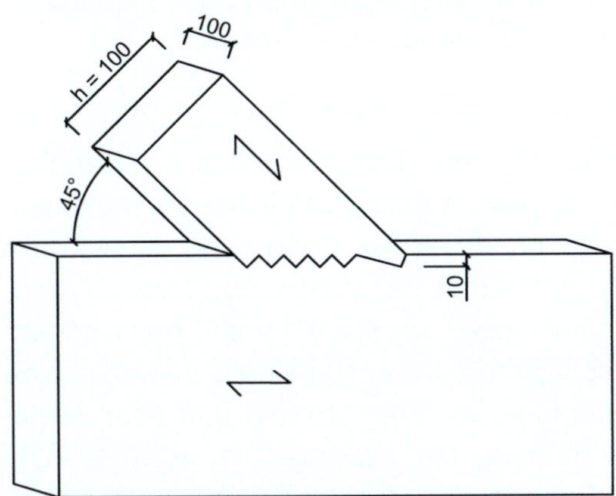

Abb. 3   Treppenversatz, Maße in mm

Umfangreiche experimentelle Untersuchungen haben gezeigt, dass der Treppenversatz vergleichbare Tragfähigkeiten wie der doppelte Versatz aufweist (s. Abb. 4), allerdings wird nur ein Drittel der Einschnitttiefe benötigt (vgl. Abb. 2 und 3), wodurch die Querschnittsschwächung des Gurtes verringert wird.

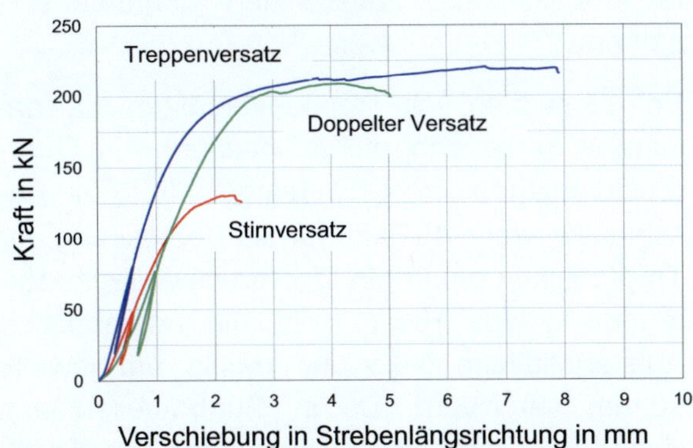

Abb. 4   Vergleich Stirnversatz, doppelter Versatz und Treppenversatz (Strebenhöhe h = 160 mm)

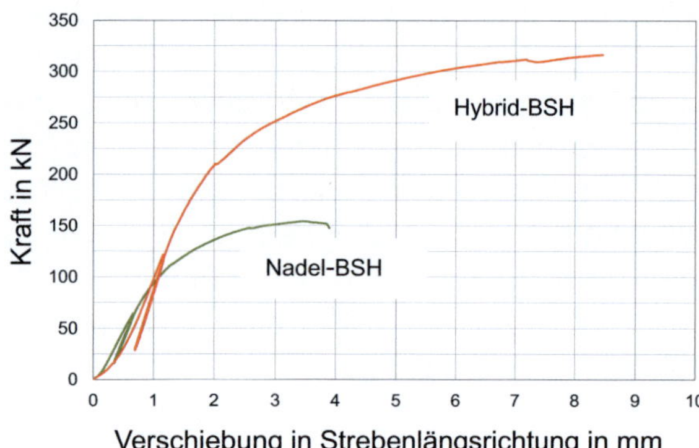

Abb. 5   Vergleich Nadel-BSH und Hybrid-BSH (Strebenhöhe h = 100 mm)

Der Einsatz von Buchenlamellen im Randbereich des Gurtbauteils beeinflusst die maximale Beanspruchbarkeit der Verbindung deutlich. Es ergibt sich durch die Verwendung von Hybrid-Brettschichtholz anstelle von homogenem Brettschichtholz aus Nadelholz nahezu eine Verdopplung der Tragfähigkeit und eine deutliche Erhöhung der Steifigkeit (s. Abb. 5). Die Durchführung der Versuche erfolgte in Anlehnung an DIN EN 26891 [7]. Die in den Kraft-Verschiebungs-Diagrammen angegebenen Verschiebungen beziehen sich auf die in Strebenrichtung gemittelten Verschiebungen, bezogen auf die Mittelachse des Gurtbauteils.

Bemessung Treppenversatz:

Ein Stabilitätsversagen des Druckstabes ist nicht maßgebend. Durch den Treppenversatz wird die Druckkraft mittig in den Stab eingeleitet, sodass keine zusätzlichen Momente entstehen.

Bei Versuchen von Treppenversätzen mit maximaler Fersenzahl wurde meistens ein Querdruckversagen im Gurt festgestellt. Für Anschlusswinkel $\geq 45°$ wird für die Bemessung der Tragfähigkeit daher ein Querdruckversagen zugrunde gelegt. Hierzu wird die rechnerische Aufstandsfläche links und rechts um jeweils 30 mm vergrößert. Da in Gurtbauteilen aus Hybrid-BSH ein Querdruckversagen der Nadelholzlamelle unterhalb der Buchenholzlamelle auftreten kann, wird die Querdrucktragfähigkeit im Übergangsbereich vom Buchen- zum Nadelholz ermittelt. Hierzu wird von einem Lastausbreitungswinkel von 45° ausgegangen, wel-

cher eine zusätzliche Vergrößerung der anzusetzenden Querdruckfläche ermöglicht (s. Abb. 6). Der Biegewiderstand der Buchenlamelle bleibt unberücksichtigt.

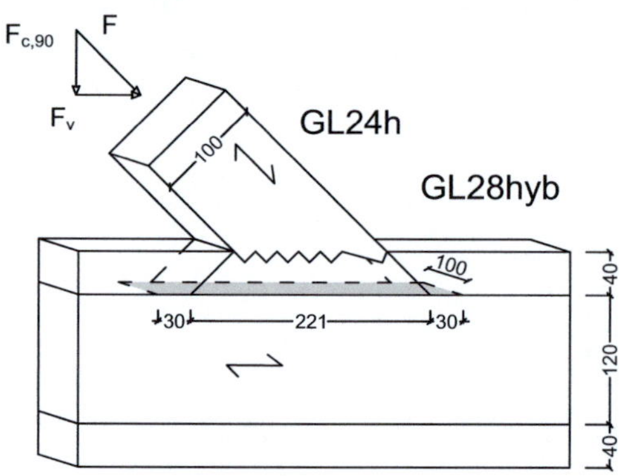

Abb. 6   Treppenversatz, Maße in mm

$$A = 100 \cdot (2 \cdot 30 + 221) = 28100 \ \text{mm}^2$$

$$\frac{R_{c,90,k}}{k_{c,90} \cdot f_{c,90,k} \cdot A} = 1$$

$$\rightarrow R_{c,90,k} = 1{,}0 \cdot 2{,}7 \cdot 28100 = 75870 \ \text{N}$$

Es wird empfohlen, $k_{c,90} = 1{,}0$ zu wählen (siehe auch [8]), da durch übermäßige Zusammendrückungen der Holzfasern eine Tragfähigkeitsminderung des Gurtes hervorgerufen werden kann.

$$\rightarrow R_k = \sqrt{2} \cdot R_{c,90,k} = 107{,}3 \ \text{kN}$$

Eine ausreichend große Vorholzlänge wird vorausgesetzt, sodass ein Querdruckversagen in der Nadelholzlamelle maßgebend ist. Die Druckdiagonale kann eine charakteristische Last von 107,3 kN aufnehmen.

3   Zugdiagonale

3.1   Stabdübelverbindung

Für die Übertragung großer Kräfte in den Knotenpunkten haben sich mehrschnittige Stahlblech-Holz-Verbindungen besonders bewährt. Die Stahlbleche werden in geschlitzte Hölzer mit durchlaufenden Stabdübeln befestigt. Die innenliegenden Stahlbleche sind ästhetisch ansprechend und andererseits bieten sie Vorteile in Bezug auf den Brandschutz. Fast jeder Holzbaubetrieb stellt Stabdübelverbindungen her, lediglich die präzise Herstellung der Bohrungen erweist sich beim Zusammenbau von Holz und Stahl als schwierig.

Bemessung Stahlbech-Holz-Verbindung:

In dem vorliegenden Beispiel wird nur der Anschluss der Diagonalen an das Stahlblech rechnerisch nachgewiesen. Es wird davon ausgegangen, dass die Verbindung im Gurt nicht maßgebend wird.

Angaben:

Innenliegendes Stahlblech der Dicke t = 7 mm
Stabdübel $\varnothing$ 8 mm; S235
Brettschichtholz GL24h

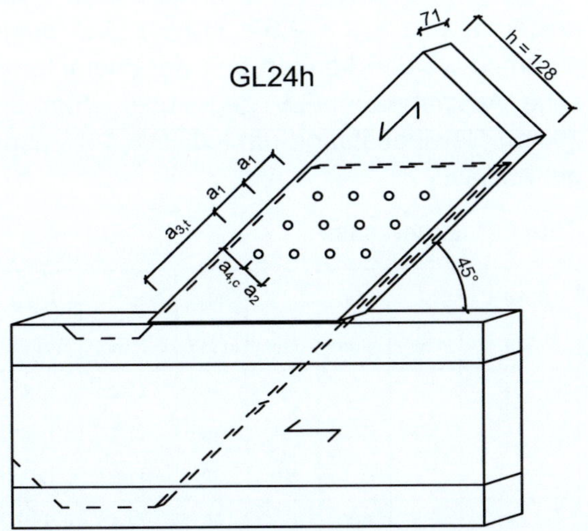

Abb. 7   Anschluss Zugdiagonale, Maße in mm

$$f_{h,o,k} = 0,082 \cdot (1 - 0,01 \cdot d) \cdot \rho_k$$
$$f_{h,o,k} = 0,082 \cdot (1 - 0,01 \cdot 8) \cdot 380 = 28,7 \ N/mm^2$$
$$M_{y,k} = 0,3 \cdot f_{u,k} \cdot d^{2,6} = 0,3 \cdot 360 \cdot 8^{2,6} = 24069 \ Nmm$$
$$(f): R_k = 28,7 \cdot 32 \cdot 8 = 7347 \ N$$
$$(g): R_k = 28,7 \cdot 32 \cdot 8 \cdot \left[\sqrt{2 + \frac{4 \cdot 24069}{28,7 \cdot 8 \cdot 32^2}} - 1 \right]$$
$$= 4058 \ N$$
$$(h): R_k = 2,3 \cdot \sqrt{24069 \cdot 28,7 \cdot 8}$$
$$= 5407 \ N$$

$$a_1 = (3 + 2 \cdot \cos\alpha) \cdot d = 5 \cdot 8 = 40 \ mm$$
$$a_{3,t} = 80 \ mm$$
$$a_2 = 3 \cdot d = 24 \ mm$$
$$a_{4,c} = 3 \cdot d = 24 \ mm$$

$$n_{ef} = \left[\min\left\{ n; n^{0,9} \cdot \sqrt[4]{\frac{a_1}{13 \cdot d}} \right\} \right]$$
$$n_{ef} = 3^{0,9} \cdot \sqrt[4]{\frac{40}{104}} = 2,12$$

$$R_k = 2 \cdot 4 \cdot 2,12 \cdot 4,06 = 68,8 \ kN$$

Die Stahlblech-Holz-Verbindung weist eine charakteristische Tragfähigkeit von 68,8 kN auf.

3.2   Gewindestange in Brettsperrholz

Da die Zugstäbe fast ausschließlich durch Normalkräfte beansprucht werden, wird angestrebt, einen Holzwerkstoff zu verwenden, der eine hohe Zugtragfähigkeit in Achsrichtung der Stäbe besitzt. Im Verbindungsbereich der Füllstäbe mit den Gurten soll darauf geachtet werden, dass die Schwächung des Holzquerschnittes möglichst gering gehalten und eine steife Verbindung zwischen den Bauteilen realisiert wird. Frühere Untersuchungen [9] haben gezeigt, dass in Achsrichtung beanspruchte Holzschrauben und Gewindestangen hohe Kräfte übertragen können und damit sehr steife Verbindungen entstehen. Da das Langzeitverhalten von faserparallel eingedrehten Verbindungsmitteln nicht ausreichend bekannt ist, sind in Hirnholz eingebrachte Verbindungsmittel nur in Ausnahmefällen zugelassen. Um eine Verbindung mit Gewindestangen parallel zur Stabachse zu realisieren, wird Brettsperrholz in den Zugdiagonalen verwendet, die Verbindungsmittel werden orthogonal zur Faser in die Querlagen eingebracht. Aus einem Forschungsvorhaben über die Tragfähigkeit von stiftförmigen Verbindungsmitteln in Brettsperrholz [10] ist bekannt, dass planmäßig in die Querlage eingedrehte Schrauben eine Ausziehtragfähigkeit aufweisen, die der Tragfähigkeit von rechtwinklig zur Faserrichtung eingebrachten Schrauben in Vollholz bzw. Brettschichtholz entspricht.

Die Zugkräfte müssen dabei über die Verbindungsmittel in die Querlage eingeleitet werden und von dort über Rollschubbeanspruchungen in die Längslage der Füllstäbe übertragen werden. Daher ist ein Versagen dieser Verbindung entweder durch Stahlversagen, Rollschubversagen der Querlage oder Scherversagen des Holzes in der Mantelfläche des Schraubengewindes gekennzeichnet.

Die Ausziehwiderstände wurden mit unter 90° zur Holzfaserrichtung der Querlage eingeschraubten Gewindestangen [11] experimentell ermittelt. Die Einschraublängen der Gewindestangen im vorgebohrten Holz variierten von 400 mm bis 800 mm. Die Vorbohrdurchmesser betrugen 13 mm für Gewindestangen mit Nenndurchmesser 16 mm (Querlagendicke t = 17 mm) sowie 16 mm für Gewindestangen mit einem Nenndurchmesser von 20 mm (Querlagendicke t = 20 mm). Der Querschnitt der Verbindung ist in Abb. 9 dargestellt. Pro Versuchskonfiguration wurden 5 Ausziehversuche durchgeführt.

Die Ausziehversuche wurden in Anlehnung an DIN EN 1382 [12] mit Hilfe einer Universalprüfmaschine durchgeführt. Dazu wurden die symmetrisch aufgebauten Prüfkörper an den Enden eingespannt und in axialer Richtung der Gewindestange mit einer konstanten Vorschubgeschwindigkeit belastet (s. Abb. 8). Die Verformungen wurden mit zwei induktiven Wegaufnehmern pro Verbindung gemessen.

Abb. 8   Prüfmaschine und Versagen der Querlage

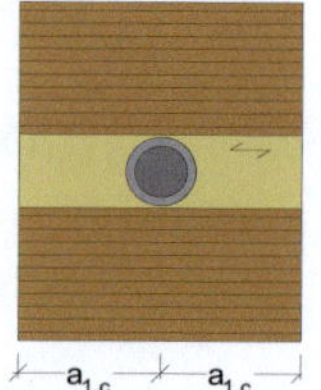
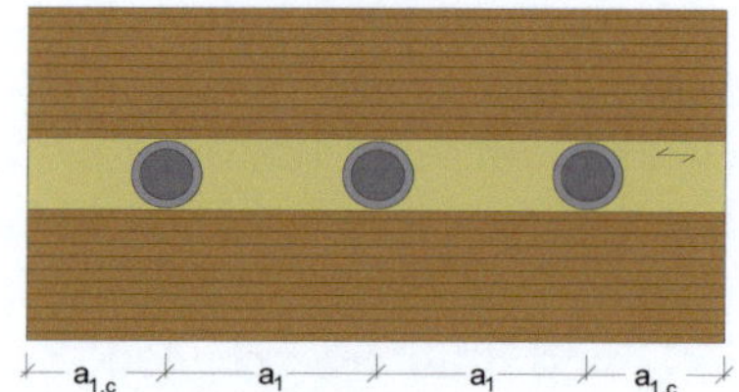

Abb. 9   Prüfkörperquerschnitt

In den meisten Fällen trat ein Rollschubversagen auf und die Querlage wurde über die gesamte Einschraubtiefe blockartig aus dem Prüfkörper herausgezogen (s. Abb. 8 rechts). Des Weiteren war ein Stahlversagen aller einzeln geprüften Gewindestangen mit dem Durchmesser Ø 16 mm zu beobachten. Die mittleren und charakteristischen Ausziehparameter je Versuchsreihe sind in Tab. 1 enthalten. Die Versuche mit drei Gewindestangen je Anschluss haben gezeigt, dass selbst bei geringen Verbindungsmittelabständen von $a_1 = 3 \cdot d$ bzw. Randabstände von $a_{1,c} = 2{,}5 \cdot d$ hohe Kräfte aufgenommen werden können und der charakteristische Ausziehparameter gegenüber einer einzelnen Gewindestange um lediglich 10% geringer ausfällt.

Tab. 1   Ergebnisse

Anzahl VM	d in mm	ℓ_{ef} in mm	a_1 in mm	$a_{1,c}$ in mm	$f_{1,k}$[1] in N/mm²	$f_{1,mean}$ in N/mm²
1	16	500	-	48	11,3	12,6[2]
			-	40	11,1	12,4[2]
			-	32	11,0	12,3[2]
1	20	600	-	60	12,4	13,7
		700	-	60	10,7	11,9
		600	-	50	8,7	11,3
		700	-	50	10,6	11,8
		800	-	80	8,9	10,2
3	16	500	64	32	10,3	11,5
			48		9,8	10,9
3	20	400	80	50	9,9	11,4
			60		9,5	10,6

[1] Auswertung nach [13]; durch den symmetrischen Aufbau der Versuchskörper wurden doppelt so viele Verbindungen wie Versuche geprüft.
[2] Stahlversagen, somit wurde die Ausziehtragfähigkeit nicht voll ausgeschöpft

Zusammenfassend lassen sich folgende Ergebnisse und Empfehlungen festhalten:

- Durch hohe Tragfähigkeiten und Steifigkeiten sind axial beanspruchte Gewindestangen prädestiniert für den Einsatz in Fachwerkträgern

- Ein sprödes Versagen sollte vermieden werden. Die Verbindung sollte so dimensioniert werden, dass ein Stahlversagen maßgebend wird.

- Die Querlage sollte mindestens so dick sein wie der Gewindeaußendurchmesser des Verbindungsmittels, damit mögliche Zwängungen aus Quell- und Schwindverformungen von der Querlage aufgenommen werden können.

- Eine Querzugverstärkung am Ende des Zugstabes ist notwendig, um ein frühzeitiges Aufspalten zu unterbinden.

- Niedrige Tragfähigkeiten waren auf eine mangelnde Verklebung zurückzuführen. Die Qualität der Klebefuge ist für die Tragfähigkeit der Verbindung maßgebend.

Bemessung Gewindestange in BSP:

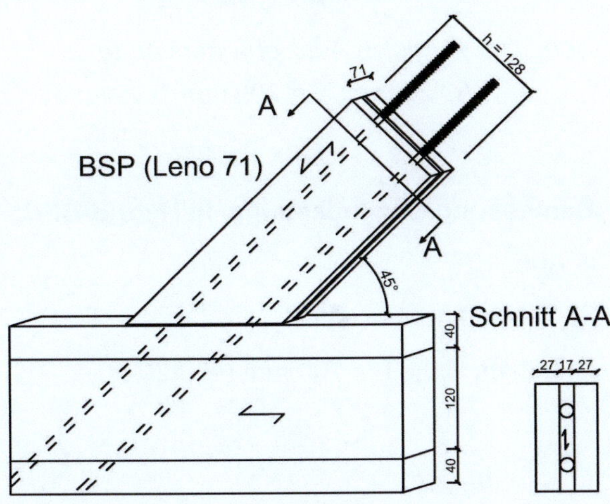

Abb. 10   Gewindestange in BSP, Maße in mm

Die Einschraubtiefe in der Zugdiagonale wurde zu ℓ_{ef} = 500 mm gewählt. Daraus ergibt sich

analog zur Bemessungsregel des Ausziehwiderstandes von Holzschrauben nach Eurocode 5 [4] die charakteristische Tragfähigkeit $R_{ax,k}$.

$$f_{1,k} = 70 \cdot 10^{-6} \cdot \rho_k^2 = 10,1 \ N/mm^2$$

nach [11] und ρ_k = 380 kg/m³ für GL24h.

$$R_{ax,k} = f_{1,k} \cdot d \cdot \ell_{ef} \quad \text{für} \quad \alpha = 90° \quad \text{und} \quad d = 16 \ mm$$
$$R_{ax,k} = 10,1 \cdot 16 \cdot 500 = 80.800 \ N$$
$$\text{wirksame Anzahl} \quad n_{ef} = n^{0,9} = 1,87$$
$$\rightarrow R_{ax,k,ges} = 1,87 \cdot 80800 = 151.100 \ N$$

Es ist zu beachten, dass diese Kräfte auch von den Längslagen aufgenommen werden müssen. Somit ergibt sich eine zusätzliche Betrachtung zur Ermittlung der Tragfähigkeit des Holzes:

$$R_{t,k} = A \cdot f_{t,k} = (128 \cdot 2 \cdot 27) \cdot 16,5 = 114.048 \ N$$

Es wird die charakteristische Zugfestigkeit der Festigkeitsklasse GL24h zugrunde gelegt, da die Längslagen aus mehreren Brettern bestehen und somit die Annahme Vollholzfestigkeiten zu verwenden eine sehr konservative Abschätzung darstellen würde.

Des Weiteren muss die Rollschubtragfähigkeit in den Fugen zwischen der Querlage und den Längslagen überprüft werden:

$$R_{R,k} = A \cdot f_{R,k} = (128 \cdot 2 \cdot 500) \cdot 1,0 = 128.000 \ N$$

Die Stahlzugtragfähigkeit ($R_{t,u,k}$ = 2 · 91,5 kN) der Gewindestange ist nicht maßgebend. Dieses Beispiel macht deutlich, dass die Wahl von großen Einschraubtiefen eine Dimensionierung der Stabquerschnitte beeinflusst, da die Zugtragfähigkeit des Stabes und nicht die Verbindung selbst maßgebend werden kann.

3.3   Verankerung der Gewindestange im Gurt

Im vorangehenden Kapitel ist das Tragverhalten von in die Querlage von Brettsperrholz eingedrehten Gewindestangen erläutert worden. Ein Anschluss dieser BSP-Zugdiagonalen an einen Fachwerkgurt erfordert eine Verankerung im Gurtbauteil, um die Zugkräfte aufnehmen zu können. In früheren Versuchen an der Versuchsanstalt für Stahl, Holz und Steine wurde der Ausziehwiderstand der Gewindestangen mit den Durchmessern 16 mm und 20 mm ermittelt. Dazu wurde Brettschichtholz der Holzart Fichte (Picea abies) verwendet. Durch den Einsatz von Hybrid-BSH mit Randlamellen aus Buchenholz und Kernlamellen aus Nadelholz für die Fachwerkträgergurte ist eine genauere Untersuchung des Ausziehwiderstandes erforderlich, da dieser noch unbekannt ist. Die axiale Tragfähigkeit einer Verbindung ist von der Zugtragfähigkeit der Gewindestange und von der Verankerung des Gewindes im Holz abhängig. Zur Bestimmung der Ausziehtragfähigkeit von rechtwinklig zur Faser in Hybrid-BSH eingedrehten Gewindestangen (Durchmesser 16 mm und 20 mm) wurden die Verbindungsmittel in Achsrichtung bis zum Versagen belastet (vgl. Abb. 11). Der hohe Ausziehwiderstand der Buchenlamellen erklärt die deutliche Steigerung des Ausziehparameters von herkömmlichem Brettschichtholz gegenüber dem Hybrid-BSH (s. Tab. 2). Eine Gegenüberstellung der Last-Verschiebungskurven aus früheren Untersuchungen mit Nadelbrettschichtholz mit den ermittelten Kurven der Hybrid-Bauteile ist in Abb. 12 dargestellt. Da das Verhältnis der Querschnittsanteile von Buche zu Fichte nur 2/3 beträgt, scheint die Verdopplung der Tragfähigkeit sehr hoch zu sein. Aufgrund einer sehr begrenzten Prüfkörperanzahl, ist dieses Ergebnis nicht repräsentativ und bildet lediglich einen kleinen Teil der Grundgesamtheit ab, macht aber das hohe Potential des Hybrid-Brettschichtholzes deutlich.

Tab. 2   Ausziehtragfähigkeiten

Material	d in mm	ℓ_s in mm	F_{max} in kN	f_1 in N/mm²	An- zahl
Hybrid	16	200	$\bar{x} = 75{,}6$ $s = 3{,}3$	$\bar{x} = 23{,}6$ $s = 1{,}0$	5
	20	200	$\bar{x} = 97{,}1$ $s = 6{,}6$	$\bar{x} = 24{,}3$ $s = 1{,}7$	5
Buche	16	40	$\bar{x} = 22{,}8$ $s = 1{,}11$	$\bar{x} = 35{,}7$ $s = 1{,}7$	10
	20	40	$\bar{x} = 20{,}9$ $s = 2{,}4$	$\bar{x} = 26{,}1$ $s = 3{,}0$	7
Fichte	16	120	$\bar{x} = 25{,}8$ $s = 3{,}2$	$\bar{x} = 13{,}4$ $s = 1{,}7$	5
	20	120	$\bar{x} = 44{,}8$ $s = 3{,}1$	$\bar{x} = 18{,}7$ $s = 1{,}3$	3

$\bar{x}$ = Mittelwert   s = Standardabweichung

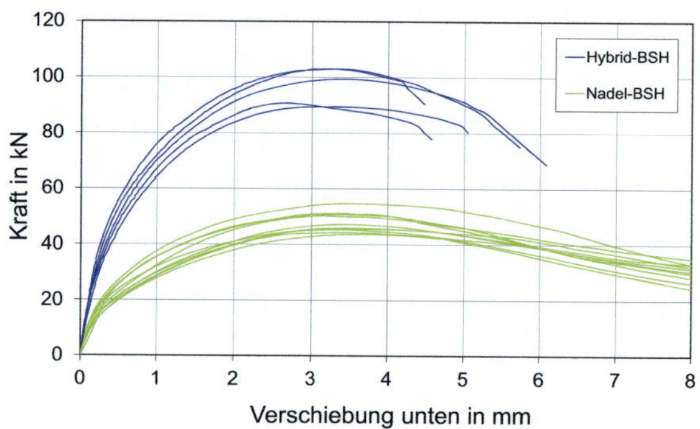

Abb. 12   Vergleich Ausziehwiderstände
($\varnothing$ 20 mm; ℓ_s = 200 mm)

Bemessung Gewindestange in Hybrid-BSH:

s. Abb. 10

SFS WB Ø 16 mm, s. [11]

GL28hyb; Höhe h = 200 mm (40-120-40)

$f_{1,k} = 70 \cdot 10^{-6} \cdot \rho_k^2$

Buche : Annahme $\rho_k = 500$ kg / m³
$\rightarrow f_{1,k} = 17{,}5$ N / mm²

Fichte : Annahme $\rho_k = 380$ kg / m³
$\rightarrow f_{1,k} = 10{,}1$ N / mm²

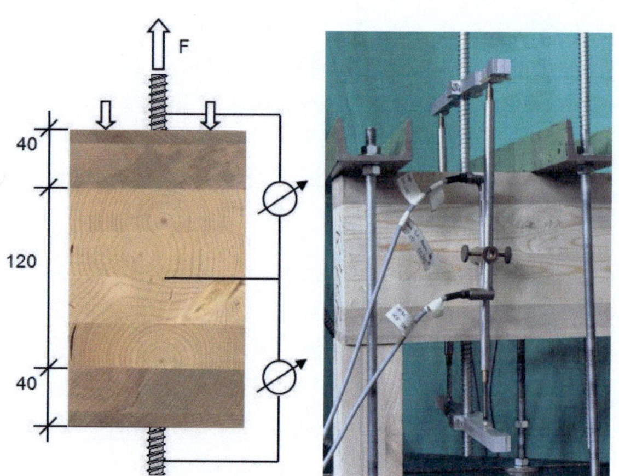

Abb. 11   Versuchsaufbau – Bestimmung der
Ausziehtragfähigkeit

$$R_{ax,k} = f_{1,k} \cdot d \cdot \ell_{ef} = d \cdot (f_{1,k,Bu} \cdot \ell_{Bu} + f_{1,k,Fi} \cdot \ell_{Fi})$$

$$R_{ax,k} = 16 \cdot (17,5 \cdot 113 + 10,1 \cdot 170) = 59,103 \text{ kN}$$

$$R_{ax,k,ges} = 2 \cdot 59,103 = 118,2 \text{ kN}$$

Die getrennte Betrachtung der Ausziehtragfähigkeiten der Buchenlamellen und der Fichtelamellen und der anschließenden Addition scheint im Hinblick auf die hohen Versuchsergebnisse gerechtfertigt. Würde die charakteristische Rohdichte ρ_k = 380 kg/m³ von GL28hyb nach der Allgemeinen bauaufsichtlichen Zulassung Z-9.1-679 [14] angesetzt werden, so würde rechnerisch kein Vorteil gegenüber BSH der Festigkeitsklasse GL24h entstehen.

4 Fachwerkträgergurt

4.1 Druckgurt

Der Anschluss der Füllstäbe an den Ober- und Untergurt eines Fachwerkträgers schwächt in der Regel den Querschnitt des Zug- bzw. Druckgurtes.

Bei Spannungsnachweisen für tragende Holzbauteile sind nach aktuellen Bemessungsregeln Querschnittsschwächungen in druckbeanspruchten Bauteilen nur dann rechnerisch zu berücksichtigen, wenn die Querschnittsschwächung nicht satt oder nicht dauerhaft mit einem Werkstoff ausgefüllt ist, der eine mindestens so große Steifigkeit aufweist wie das geschwächte Bauteil (u. a. [4, 15, 16, 17]). Diese schon seit Jahrzehnten geltende Regel beruht auf der Annahme, dass der Kraftfluss durch eingebrachte Verbindungsmittel nicht signifikant gestört wird.

Das Vorhandensein von Bohrungen und Verbindungsmitteln im Holz verändert den Kraftfluss und damit den beanspruchten Querschnitt. Der Einfluss dieser Veränderungen auf die Tragfähigkeit bei Druckbeanspruchung parallel zur Faser wurde experimentell untersucht.

Das verwendete Brettschichtholz entsprach der Festigkeitsklasse GL24h. Neben den ungeschwächten Referenzprüfkörpern (Typ A) waren bei den Prüfkörpertypen mit Querschnitts-

schwächung drei in praktischen Anwendungen vorkommende Schwächungen vorgesehen:

- Typ B: 16 mm Bohrung unter 45° für Gewindestange $\varnothing$ 20 mm
- Typ C: 7 mm Schlitz für Stahlblech und 10 mm Bohrungen für 3 x 4 Stabdübel $\varnothing$ 10 mm
- Typ D: 2 x 5 Vollgewindeschrauben SPAX T-STAR $\varnothing$ 10 mm mit Cut-Spitze [18] in nicht vorgebohrten Löchern

Die vier Prüfkörpertypen sind in Abb. 13 dargestellt.

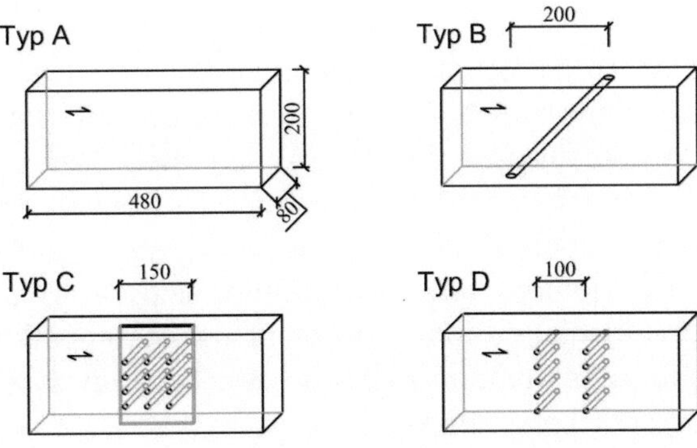

Abb. 13 Untersuchte Prüfkörpertypen, Maße in mm

Insgesamt wurden zwei Chargen Brettschichtholz unterschiedlicher Hersteller untersucht. Charge 1 wurde für die Typen A, B und C verwendet, Charge 2 für die Typen A und D.

Die Einzelwerte der rechnerischen Druckfestigkeiten im Bruttoquerschnitt und die dazugehörigen linearen Regressionskurven sind für die verschiedenen Versuchsreihen in Abb. 14 dargestellt. Die Holzfeuchte hat einen erheblichen Einfluss auf die Druckfestigkeit, sodass nach [19] 1 % Holzfeuchteänderung eine Festigkeitsänderung von 6 % bewirkt und sich somit die Abweichungen zwischen den Chargen der ungeschwächten Prüfkörper erklären lassen.

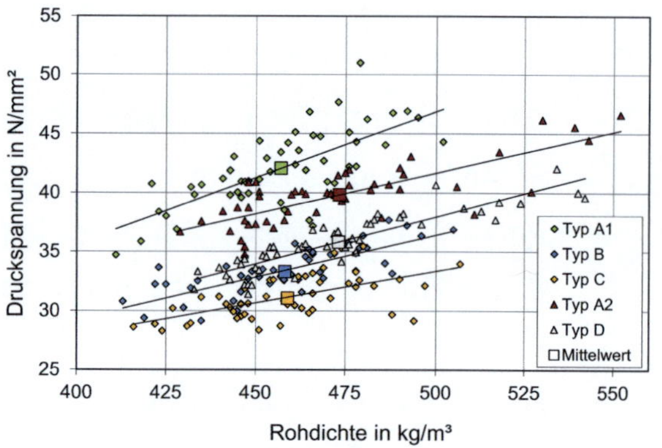

Abb. 14   Rechnerische Druckfestigkeit im Bruttoquerschnitt über der mittleren Rohdichte bei ca. 10,2 % (Charge 1: Typ A1, B und C) bzw. 11,5 % Holzfeuchte (Charge 2: Typ A2 und D)

Eine Tragfähigkeitsminderung durch eine Querschnittsschwächung im Druckbereich ist trotz des Ausfüllens der Löcher mit den Verbindungsmitteln deutlich erkennbar. Obwohl für die verschiedenen Querschnittstypen sehr ähnliches Material verwendet wurde, sind deutliche Unterschiede der maximal aufnehmbaren Druckspannungen zwischen den Typen A, B, C und D zu erkennen.

Die dargestellten Ergebnisse stehen im Widerspruch zu den in Bemessungsnormen angegebenen Regeln und erfordern die Berücksichtigung einer Querschnittsschwächung auch bei einer Druckbeanspruchung parallel zur Faser. Somit wird vorgeschlagen, bei Druckspannungsnachweisen für Tragwerke des Ingenieurholzbaus grundsätzlich den Nettoquerschnitt zugrunde zu legen. Bei Verbindungen mit Schrauben in nicht vorgebohrten Hölzern sollte der Kernquerschnitt berücksichtigt werden.

Bemessung Druckgurt mit Schwächung:

Der Typ B ist mit dem Knotenanschluss im hier betrachteten Beispielfachwerkträger vergleichbar. Durch einen Aussteifungsverband soll der Träger ausreichend gegen ein Stabilitätsversagen in der Dachebene gehalten sein, sodass lediglich ein Druckspannungsnachweis im geschwächten Querschnitt geführt werden muss. Dazu wird die projizierte Fläche angesetzt, wel-

che durch den Vorbohrdurchmesser $\varnothing$ 13 mm geschwächt ist:

$$R_{c,0,k} = A_{Netto} \cdot f_{c,0,k} = 200 \cdot (100 - 13) \cdot 24 = 417,6 \text{ kN}$$

Da die Druckfestigkeit $f_{c,0,k}$ nicht in der abZ [14] für Hybrid-BSH angegeben ist, ist der Wert für BSH der Festigkeitsklasse GL24h nach DIN 1052 [16], Tabelle F.9, anzusetzen.

4.2   Zuggurt

Bei der Bemessung des Zuggurtes muss, wie die Bemessungsnormen vorschreiben, grundsätzlich der Nachweis im geschwächten Querschnitt geführt werden. Der Einschnitt des Versatzes sollte zusätzlich berücksichtigt werden:

$$R_{t,0,k} = A_{Netto} \cdot f_{t,0,k} = 190 \cdot (100 - 13) \cdot 16,5 = 272,7 \text{ kN}$$

5   Schlussfolgerung

Der qualitative Normalkraftverlauf unter der Last „2 x 1" für den Beispielträger ist in Abb. 15 dargestellt.

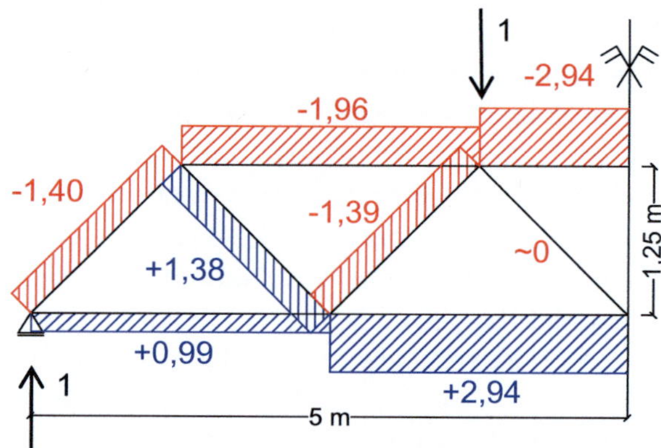

Abb. 15   Normalkraftverlauf der linken Trägerhälfte

Zusammenfassend sind in Tab. 3 die charakteristischen Tragfähigkeiten im Anschlussbereich und die charakteristischen Tragfähigkeiten bezogen auf die angenommene Einzellast (s. Abb. 15) der untersuchten Anschlussmöglichkeiten dargestellt. Der Faktor $R_{k,Neu}/R_{k,alt}$ soll das Optimierungspotential durch innovative Verbindungen und Bemessungsansätze gegenüber herkömmlichen Verbindungen verdeutlichen. Auffällig ist eine Tragfähigkeitsabnahme im

Druckgurt, die sich mit der Berücksichtigung der Querschnittsschwächung beim Druckspannungsnachweis erklären lässt.

Tab. 3   Vergleich

Bauteil		$R_{k,V}$[1] in kN	$R_{k,E}$[2] in kN	$\dfrac{R_{k,Neu}}{R_{k,Alt}}$
Druck-diagonale	*Stirnversatz*	*44,3*	*2x31,6*	2,4
	Treppenversatz	**107**	**2x76,6**	
Zug-diagonale	*Stahlblech-Holz*	*68,8*	*2x49,3*	1,7
	Gewindestange in BSP	**114**	**2x82,0**	
	Verankerung	118	2x85,3	
Gurt	*Druckgurt A_{Brutto}*	*480*	*2x163*	0,87
	Druckgurt A_{Netto}	**418**	**2x142**	
	Zuggurt A_{Netto}	273	2x92,9	

[1] $R_{k,V}$ .. char. Tragfähigkeit im Anschlussbereich
[2] $R_{k,E}$ .. char. Tragfähigkeit bezogen auf die Einzellast

Mit Hilfe der aus dem Forschungsvorhaben gewonnenen Erkenntnissen wurde ein Fachwerkträger geplant und im Labor der Versuchsanstalt für Stahl, Holz und Steine, wie in Abb. 16 dargestellt, geprüft. Der Träger entspricht den in diesem Beitrag angenommenen innovativen Knotenausbildungen und Abmessungen. Das Versagen des Trägers wurde durch ein Herausziehen der am höchsten beanspruchten Gewindestangen aus dem Untergurt bei einer Last von 2 x 83 kN gekennzeichnet (vgl. Abb. 17). In Abb. 18 ist das Last-Verformungs-Verhalten des Trägers angegeben. Die Verschiebung in Trägermitte ist auf der x-Achse aufgetragen. Die Tragfähigkeit des geprüften Trägers ist um 8% höher als die berechnete charakteristische Tragfähigkeit (2 x 76,6 kN). Da der Abbund stellenweise nicht die notwendige Präzision aufwies und dadurch die Verankerung der Gewindestangen geschwächt

wurde, hätte vermutlich durch einen verbesserten Abbund eine höhere Tragfähigkeit erreicht werden können.

Abb. 16   Versuchsaufbau Fachwerkträger

Abb. 17   Versagen der Verankerung

Vor 50 Jahren kamen Gattnar und Trysna [20] zu folgender Erkenntnis: „Die zweckmäßigste und wirtschaftlichste Ausbildung von Knotenpunkten für Fachwerkbinder ist eine der wichtigsten und schwierigsten Aufgaben des Holz-

baukonstrukteurs. Sie erfordert viel Erfahrung, Geschick und Sorgfalt, denn von einwandfrei ausgebildeten Knotenpunkten hängt das gute Gelingen eines Bauwerkes wesentlich ab."
Möchte der Ingenieurholzbau konkurrenzfähig zu anderen Baustoffen bleiben, so muss genau dies beachtet und die Vorteile des Werkstoffs Holz sinnvoll genutzt werden.

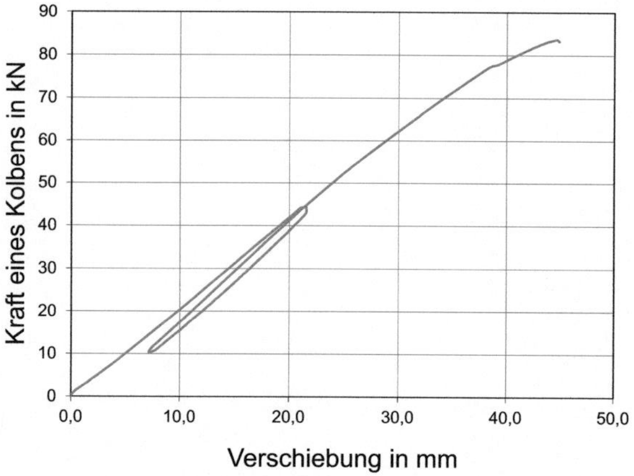

Abb. 18   Versuch Fachwerkträger; Durchbiegung in Feldmitte

Ausführlichere Informationen über die vorgestellten Versuchsprogramme und Ergebnisse sind der Literatur [3] zu entnehmen.

6   Literatur

[1]   Culmann, C. (1866): Die graphische Statik, Zürich, Meyer & Zeller

[2]   Pasternak, H.; Bachmann, V. & Kubieniec, G. (2010): Leichte Fachwerkträger - Fertigungstechnologie und Tragverhalten. Bauingenieur 10/2010, Band 85

[3]   Blaß H. J., Enders-Comberg M. (2012): Fachwerkträger für den industriellen Holzbau, Karlsruher Berichte zum Ingenieurholzbau, Band 22, Karlsruhe, KIT Scientific Publishing. ISBN 978-3-86644-854-4

[4]   DIN EN 1995-1-1, Ausgabe Dezember 2010, Bemessung und Konstruktion von Holzbauten – Teil 1-1: Allgemeines – Allgemeine Regeln und Regeln für den Hochbau

[5]   Dröge, G. & Stoy, K.-H. (1981): Grundzüge des neuzeitlichen Holzbaues, Berlin [u.a.], Ernst

[6]   DIN EN 1995-1-1/NA, Ausgabe Dezember 2010, Nationaler Anhang – Bemessung und Konstruktion von Holzbauten – Teil 1-1: Allgemeines – Allgemeine Regeln und Regeln für den Hochbau

[7]   DIN EN 26891, Ausgabe Juli 1991, Holzbauwerke – Verbindungen mit mechanischen Verbindungsmitteln

[8]   Görlacher, R. (2004): Hintergründe und Anwendung der Querdrucknachweise nach DIN 1052:2004. Ingenieurholzbau, Karlsruher Tage 2004, Bruderverlag, Universität Karlsruhe

[9]   Blaß, H. J.; Bejtka, I. & Uibel, T. (2006): Tragfähigkeit von Verbindungen mit selbstbohrenden Holzschrauben mit Vollgewinde, Karlsruher Berichte zum Ingenieurholzbau, Band 4, Karlsruhe, Universitätsverlag

[10]   Blaß, H. J. & Uibel, T. (2007): Tragfähigkeit von stiftförmigen Verbindungsmitteln in Brettsperrholz, Karlsruher Berichte zum Ingenieurholzbau, Band 8, Karlsruhe, Universitätsverlag

[11]   Allgemeine bauaufsichtliche Zulassung Nr. Z-9.1-777: Gewindestangen mit Holzgewinde als Holzverbindungsmittel

[12]   DIN EN 1382, Ausgabe März 2000, Ausziehtragfähigkeit von Holzverbindungsmitteln

[13]   DIN EN 14358, Ausgabe März 2007, Holzbauwerke – Berechnung der 5%-Quantile für charakteristische Werte und Annahmekriterien für Proben

[14]   Allgemeine bauaufsichtliche Zulassung Nr. Z-9.1-679: BS-Holz aus Buche und BS-Holz aus Buche-Hybridträger

[15]   Blaß, H. J.; Ehlbeck, J.; Kreuzinger, H. & Steck, G. (2005): Erläuterungen zu DIN 1052: 2004-08 Entwurf, Berechnung und Bemessung von Holzbauwerken, München, Bruderverlag

[16]   DIN 1052, Ausgabe Dezember 2008, Entwurf, Berechnung und Bemessung von

Holzbauwerken - Allgemeine Bemessungsregeln und Bemessungsregeln für den Hochbau

[17]   DIN 1052, Ausgabe Oktober 1969, Holzbauwerke – Berechnung und Ausführung

[18]   Allgemeine bauaufsichtliche Zulassung Nr. Z-9.1-519: SPAX$^{®}$-S Schrauben mit Vollgewinde als Holzverbindungsmittel

[19]   Neuhaus, H. (2011): Ingenieurholzbau Grundlagen – Bemessung – Nachweise – Beispiele, Wiesbaden, Vieweg + Teubner

[20]   Gattnar, A. & Trysna, F. (1961): Hölzerne Dach- und Hallenbauten, Berlin, Ernst

7   Autor

Dipl.-Ing. Markus Enders-Comberg

Karlsruher Institut für Technologie (KIT)
Holzbau und Baukonstruktionen
Reinhard-Baumeister-Platz 1
76131 Karlsruhe

Kontakt:
Enders-Comberg@kit.edu

Berechnung von massiven Decken und Wandelementen aus nachgiebig miteinander verbundenen Brettern

Rainer Görlacher

Zusammenfassung

Massive Decken und Wände aus nachgiebig miteinander verbundenen Brettern (verdübelte Elemente) haben sich seit vielen Jahren bewährt. Ihre Verwendbarkeit ist in allgemeinen bauaufsichtlichen Zulassungen oder in europäisch technischen Zulassungen (ETA) geregelt. Darin sind die Bestimmungen für den Entwurf und die Bemessung festgelegt. Bei verdübelten Elementen handelt es sich um sehr komplexe Bauteile, die aus längs- quer- und diagonal verlaufenden Brettlagen bestehen, die nachgiebig durch Dübel miteinander verbunden sind, so dass eine rein theoretische Ableitung der Tragfähigkeit und Steifigkeit dieser Elemente nicht möglich ist. Aus diesem Grund wurden viele Tragfähigkeitsversuche durchgeführt, aus denen Rechenverfahren und Rechenwerte für die Bemessung abgeleitet werden konnten. In diesem Beitrag werden für vier bauaufsichtlich zugelassene Systeme die durchgeführten Versuche und die Berechnungsmethoden gezeigt.

1 Einleitung

Massive Decken und Wände aus Holz werden in den letzten Jahren immer häufiger im Wohnhausbau, aber auch in Büro- oder Industriebauten eingesetzt. Bei dieser Bauweise wird der Baustoff Holz nicht nur für lastabtragende Zwecke verwendet sondern er übernimmt gleichzeitig raumabschließende Funktionen. Dabei kann allein mit dem Baustoff Holz ein guter Wärmeschutz erreicht werden, der sicherlich dafür ausschlaggebend war, dass schon in früher Zeit (Bronzezeit) neben den Pfostenbauten, bei denen die Hölzer in ihrer ursprünglichen Form (stabförmig, wenig bearbeitet) auch Blockbauten entstanden, bei denen die Hölzer mehr oder weniger behauen oder gesägt werden. (Abb. 1 und 2). Typisch für Blockbauten ist die horizontale Schichtung der Hölzer, die an den Steinbau erinnert.

Auch massive Deckenkonstruktionen sind möglich und kamen z.B. als Dübeldecken (Dippelbaumdecken) u.a. für den Abschluss des obersten Stockwerks gegen den Dachraum (Wärmeschutz) oder als tragfähige Decke für Lagerräume vor. Hierbei wurden die nebeneinander liegenden Balken mit Dübeln verbunden, um eine bessere Lastverteilung zu erreichen.

Abb. 1   Blockbau aus Rundstämmen

Neben den rein technischen Vorteilen wie Wärme- und Schallschutz von massiven Holzbauteilen haben sicherlich noch andere Faktoren dazu beigetragen, dass diese massive Bauweise wieder „neu" erfunden wurde: hierzu gehören wahrscheinlich ein nicht messbarer „Wohlfühlfaktor" oder andere positive baubiologische Aspekte, also positive Beziehungen zwischen dem Menschen und seiner gebauten Umwelt.

Wichtig für die Wiederbelebung der Massivbauweise war aber auch der damit erreichbare hohe Vorfertigungsgrad, der zu den folgenden, neueren massiven Holzbauweisen geführt hat:

Brettstapelbauweise

Hier werden nebeneinander liegende Bretter mit Nägeln oder Dübeln zu Elementen verbunden, die dann als Wände (im Gegensatz zum Blockbau mit vertikaler Anordnung der Bretter, Abb. 2) oder als Decken (vergleichbar mit den Dübeldecken) eingesetzt werden.

Abb. 2   Brettstapelwand

Brettsperrholz

Brettsperrholz besteht aus kreuzweise verklebten Brettern (Abb. 3). Dabei können die einzelnen Lagen unterschiedlich dick sein, oder es können Sonderaufbauten gewählt werden.

Abb. 3   Brettsperrholzwand und -decke

Verdübelte Elemente

Hier werden Bretter gekreuzt **und** diagonal verlegt und mit Dübeln nachgiebig miteinander verbunden. Darauf wird im Folgenden eingegangen.

2   Elemente mit „Zulassung" bzw. „ETA"

2.1   Nachweis der Verwendbarkeit

Die Verwendbarkeit eines Bauprodukts ist in Deutschland wie folgt geregelt:

National: Bauregelliste A

- Erklärung der Übereinstimmung (Ü-Zeichen) mit den bekannt gemachten technischen Regeln (geregelte Bauprodukte)
- den allgemeinen bauaufsichtlichen Zulassungen, dem allgemeinen bauaufsichtlichen Prüfzeugnis oder der Zustimmung im Einzelfall (nicht geregelte Bauprodukte)

Europa: Bauregelliste B

Konformität (CE-Zeichen) für in Verkehr bringen und frei Handeln. Voraussetzungen sind:

- Harmonisierte Normen

- Bauprodukte nach Leitlinie (ETAG)
- Bauprodukte ohne Leitlinie (CUAP)

Für eine Verwendbarkeit können Anforderungen an Klassen, Leistungsstufen oder weitere zusätzliche Anforderungen gestellt werden.

Da es sich bei den verdübelten Elementen um Produkte handelt, die weder einer technischen Regel (z.B. Berechnung nach DIN 1052) noch einer harmonisierten Norm (europäisch) entsprechen, müssen für diese Produkte eine „Allgemeine bauaufsichtliche Zulassung" und/oder eine „European Technical Approval" (ETA) erstellt werden.

Das Verfahren hierzu ist in den folgenden Ablaufdiagrammen dargestellt.

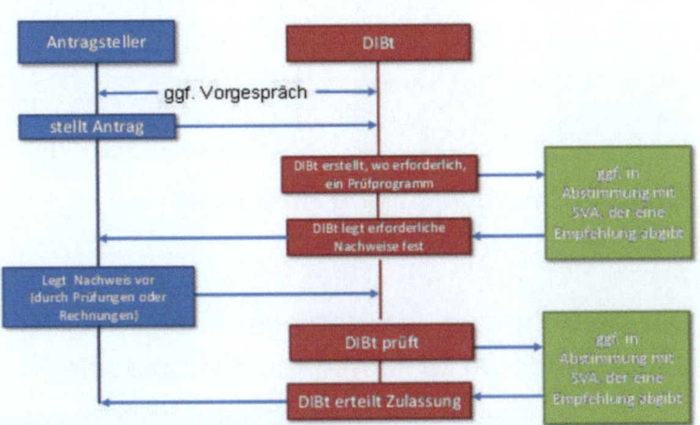

Abb. 4   Ablaufdiagramm für Zulassung

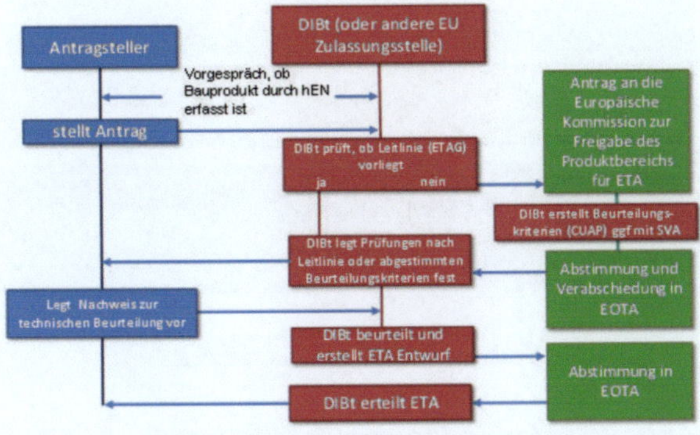

Abb. 5   Ablaufdiagramm für ETA

Während beim nationalen Zulassungsverfahren allein das DIBt, Berlin in Zusammenarbeit mit Sachverständigenausschüssen (SVA) die Zulassungen erteilt, können die ETAs durch eine beliebige europäische Zulassungsstelle erteilt

werden. Dieser Vorteil wird leider durch den schematisch starren Ablauf in vielen Fällen durch einen höheren Aufwand zunichte gemacht. Dazu soll der Ablauf kurz erläutert werden:

Eine ETA kann zunächst einmal nur dann erteilt werden, wenn hierfür eine Leitlinie, eine sog. ETAG (ETA-Guideline) besteht. In dieser Leitlinie ist vorgegeben, was und wie geprüft werden muss und wie die charakteristischen Werte für eine ETA abzuleiten sind. Diesen recht einfachen und überschaubaren Weg kann man im Holzbau leider recht selten gehen, da es nur wenige ETAGs für diesen Bereich gibt, z.B.

ETAG 007: Bausätze für den Holzrahmenbau

ETAG 011: Leichte Holzbauträger und -stützen

ETAG 015: Stahlblechformteile

Viel häufiger kommt es vor, dass keine Leitlinie vorliegt: in diesem Fall muss zuerst eine sog. CUAP (Common Understanding of Assessment Procedure) erstellt werden. Darin muss, ähnlich wie in einer ETAG genau festgelegt sein, was und wie geprüft werden muss. Dies ist naturgemäß bei völlig neuen Produkten schwierig, da man noch keine Erfahrungen mit diesem Produkt haben kann. Trotzdem muss zunächst der Antrag bei der EOTA für diesen Produktbereich gestellt werden. Daraufhin kann die CUAP erstellt werden, die wiederum mit der EOTA abgestimmt und genehmigt werden muss. Erst dann können die eigentlichen Prüfungen durchgeführt und danach die ETA erteilt werden.

Allein für den Bereich Holz- und Holzwerkstoffe gibt es zurzeit etwa 20 CUAPs, hinzukommen die CUAPs für Verbindungsmittel.

Für die hier behandelten Bauweisen ist die CUAP 03.04/16 Plattenförmiges Vollholzbauteil - Bauteil aus mit Dübeln verbundenen Holzplatten zur Verwendung als tragendes Bauteil in Gebäuden relevant.

2.2   Verdübelte Elemente mit Zulassung oder ETA

Zu Zeit gibt es vier Systeme von verdübelten Elementen, die durch eine allgemeine bauaufsichtliche Zulassung bzw. ETA geregelt sind.

Seit 2005

Zulassung Z-9.1-574
Thoma Holz 100 System
(gültig bis 30.06.2013)
ETA beantragt

Seit 2005

Zulassung Z-9.1-602
MHM-Wandelemente
(gültig bis 04.04.2016)

Seit 2009

ETA-09/0244
TWOODS Vollholzelemente
(gültig bis 13.10.2015)

Seit 2011

ETA-11/0338
NUR-Holz Vollholzelemente
mit „Vollholzschrauben"
(gültig bis 17.10.2016

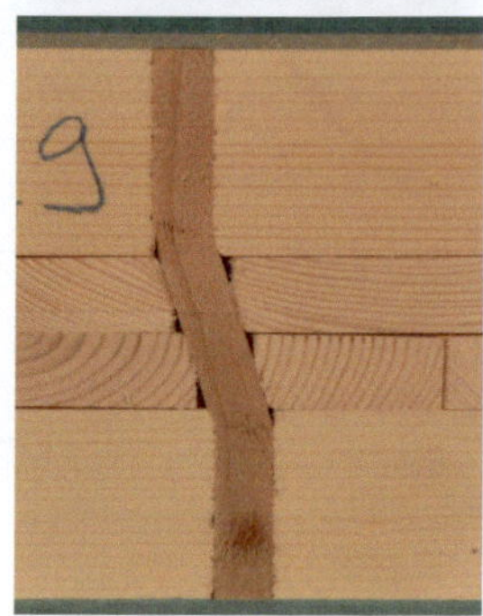

Abb. 6 Unterschiedliche Aufbauten

3 Aufbauten

Die verdübelten Elemente unterscheiden sich in den möglichen Aufbauten, Elementdicken und Elementgrößen. Eine Übersicht ist in Tabelle 1 dargestellt.

Tab. 1   Aufbauten

Produkt	Brett-dicke	Elementdicke	Element-größe
	d (mm)	mm	B x l (m x m)
TWOODS	30	300	3,4 x 13,7
HOLZ 100 (ETA)	>24*	400	3,0 x 10
NUR HOLZ	18 – 100*	k.A.	k.A.
MHM	23	345	3,25 x 6

Aufbau auch mit unterschiedlichen Lagendicken

Die Verdübelung der Elemente erfolgt mit Holzdübeln oder bei MHM mit Aluminiumnägeln.

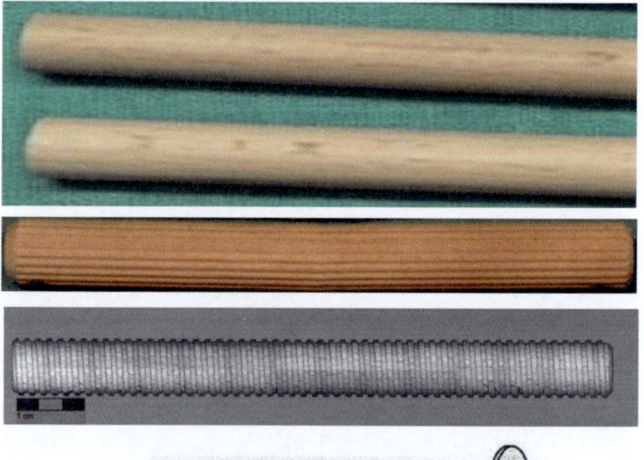

Abb. 7:   Verbindungsmittel für verdübelte Elemente (Holzdübel: glatt, geriffelt, mit Gewinde: Aluminiumnagel)

4 Beanspruchung als Platte

4.1 Theorie

Bei einer Beanspruchung rechtwinklig zur Plattenebene entstehen Schubkräfte, die zwischen den einzelnen Brettlagen, die lediglich durch Dübel miteinander verbunden sind, Verschiebungen erzeugen. Daher sind diese Platten als nachgiebig verbundene Biegeträger zu berechnen. Hierzu kann unter Gleichstreckenlast bei bis zu drei Längslagen das im EC5 Anhang B angegebene Verfahren für nachgiebig verbundene Biegeträger verwendet werden. Mit dem Schubanalogieverfahren, das im Nationalen Anhang zum EC 5 angegeben ist, können beliebige nachgiebig verbundene Systeme und beliebigen Einwirkungen berechnet werden.

Im Folgenden sind die für eine Anwendung für verdübelte Elemente modifizierten Gleichungen nach EC 5 angegeben:

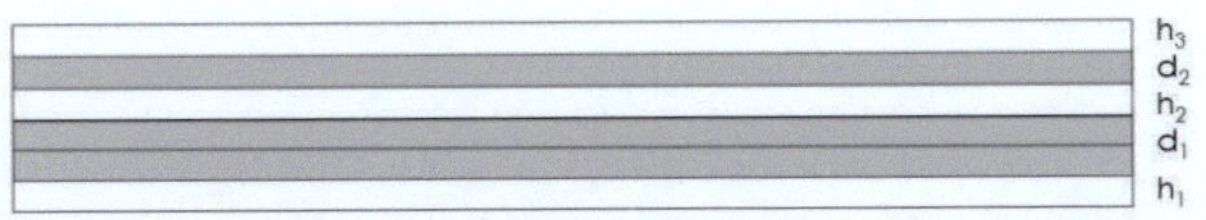

$$I_{ef} = I_1 + I_2 + I_3 + \gamma_1\, a_1^2 A_1 + \gamma_2 a_2^2 A_2 + \gamma_3 a_3^2 A_3$$

$$a_2 = \frac{\gamma_1 A_1 \cdot (\frac{h_1}{2} + d_1 + \frac{h_2}{2}) - \gamma_3 A_3 \cdot (\frac{h_2}{2} + d_2 + \frac{h_3}{2})}{\gamma_1 A_1 + \gamma_2 A_2 + \gamma_3 A_3}$$

$$a_1 = (\frac{h_1}{2} + d_2 + \frac{h_2}{2}) - a_2$$

$$a_3 = (\frac{h_2}{2} + d_2 + \frac{h_2}{2}) + a_2$$

$$\gamma_1 = \left(1 + \frac{\pi^2 E_1 A_1 \cdot s_1}{\ell^2 \; K_{ef,1}}\right)^{-1}$$

$$\gamma_2 = 1$$

$$\gamma_3 = \left(1 + \frac{\pi^2 E_3 A_3 \cdot s_3}{\ell^2 \; K_{ef,2}}\right)^{-1}$$

Darin bedeuten:

$E_i =$ Elastizitätsmodul der einzelnen Querschnittsteile

$A_i =$ Querschnittsflächen

$K_{ef,i}/s_i =$ wirksame Fugensteifigkeit der Fugen innerhalb der Querlage i

$s =$ Abstand der in eine Reihe geschoben gedachten Verbindungsmittel

$d_i =$ Dicke der Querlagen

$\ell =$ maßgebende Stützweite

Durch die o.a. Gleichungen werden die Querlagen mit den Dicken d_1 und d_2 als nichttragend angesetzt und durch eine Vergrößerung des Abstandes zwischen den Längslagen berücksichtigt. Da der Verschiebungsmodul zur Bestimmung von γ die Verschiebung zwischen zwei Längslagen berücksichtigt, muss hier ein wirksamer Verschiebungsmodul K_{ef} eingeführt werden, der die Anzahl der Fugen zwischen zwei Längslagen berücksichtigt (siehe auch Abb. 10).

4.2 Versuche

Zur Ermittlung des Verschiebungsmoduls können Scherversuche und/oder Biegeversuche durchgeführt werden. Aus Scherversuchen (Abb. 8) kann unter der Annahme, dass die Verschiebungen zwischen den einzelnen Lagen gleich sind, unmittelbar der Verschiebungsmodul bestimmt werden.

Abb. 8: Scherversuch zur Ermittlung des Verschiebungsmoduls

Bei Biegeversuchen wird die Durchbiegung gemessen und daraus die wirksame Biegesteifigkeit $(EI)_{ef}$ bestimmt. Damit lassen sich nach den Gleichungen im Abschnitt 4.1 die Verschiebungsmoduln berechnen.

Abb. 9   Biegeversuch zur Ermittlung des Verschiebungsmoduls

Abb. 10: Gegenseitige Verschiebung der Brettlagen am Auflager

Dabei ist zu beachten, dass $K_{ef,i}$ sich aus dem Verschiebungsmodul K der einzelnen Fugen innerhalb eines Querlagenpakets zusammensetzt:

Eine Querlage mit insgesamt zwei Fugen

$$K_{ef,i} = K/2$$

Zwei Querlagen mit insgesamt drei Fugen

$$K_{ef,i} = K/3$$

Neben der Steifigkeit der Fuge zwischen den Brettlagen ist auch die Tragfähigkeit des Dübels für die Bemessung der Elemente relevant.

Die auf ein Verbindungsmittel in den Fugen 1 bzw. 3 entfallende Kraft F ergibt sich mit i = 1 bzw. 3 zu:

$$F_i = \frac{Q_{max} \cdot \gamma_i \cdot E_i \cdot A_i \cdot a_i \cdot s_i}{(E \cdot I)_{ef}}$$

Abb. 11 zeigt das Versagen der Holzdübel beim Erreichen der Höchstlast in einem Biegeversuch. Zur konservativen Abschätzung der Tragfähigkeit kann die charakteristische Dübeltragfähigkeit nach DIN 1052:2004-08 berechnet werden:

$$R_{i,k} = 9{,}5 \cdot d^2 \quad [kN]$$

mit:

d   =   Dübeldurchmesser in mm

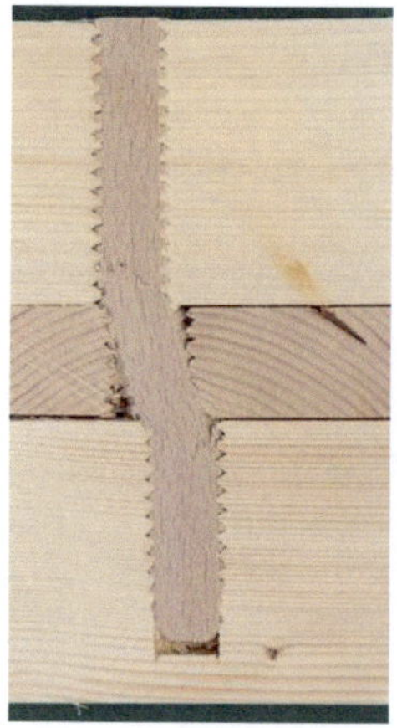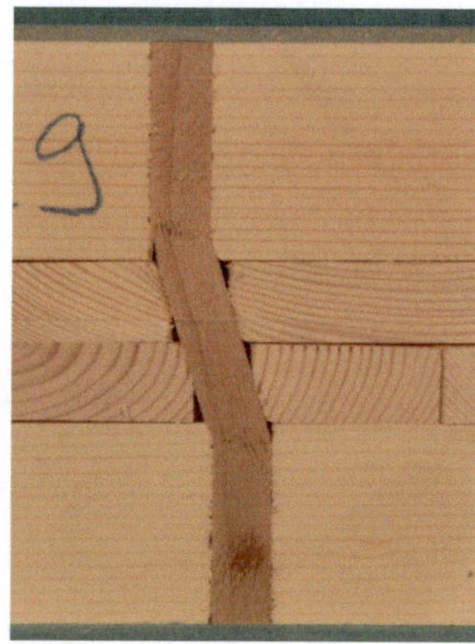

Abb. 11: Stabdübel nach Erreichen der Höchstlast

Für Holzdübel mit einem Gewinde (Abb. 11, links) kann der sog. Einhängeeffekt wie bei Verbindungsmitteln mit einem ausreichend großen Ausziehwiderstand berücksichtigt werden. Dadurch können die rechnerischen Tragfähigkeiten mit den Faktor 1,25 vergrößert werden.

4.3 Bemessungswerte

In Tabelle 2 sind die Bemessungswerte, die in den Zulassungen bzw. ETAs festgelegt sind, zusammengestellt. Mit zunehmendem Dübeldurchmesser nehmen der Verschiebungsmodul und die Tragfähigkeit deutlich zu. Für HOLZ100 wurden hier bereits die Werte aus der beantragten ETA verwendet. Die in der Zulassung Z-9.1-574 für HOLZ100 angegebenen Werte für den Verschiebungsmodul beziehen sich auf bis zu drei Fugen (also bis zu zwei Querlagen) und sind dementsprechend kleiner.

Tab. 2 Bemessungswerte bei einer Beanspruchung als Platte

Produkt	VM Durchmesser	Verschiebungsmodul pro Fuge		Tragfähigkeit VM
	d (mm)	K_{ser} (N/mm)	K_u (N/mm)	R_k (N)
TWOODS	16	1200	800	2400
HOLZ 100 (ETA)	20	3000*	2000	3800
NUR HOLZ	22 mit Gewinde	3600	2400	5800
MHM	2,5 (2,8) Alu	300**	200**	400 (500)

* 4000 bei Randlagen > 60 mm
** höhere Werte bei kleinen Verformungen (u<h/300)

5 Beanspruchung als Scheibe

5.1 Knicken

Bei Druckbeanspruchung in Wandebene können Wandelemente ausknicken (siehe Abb. 12). Dieses Versagen kann nach EC5 berechnet werden, wobei das wirksame Flächenmoment 2. Grades wie für einen nachgiebig verbundenen Biegeträger (siehe Abschnitt 4) berechnet wird. Somit wird in den Zulassungen bzw. ETAs lediglich angegeben, dass für die wirksame Querschnittsfläche ausschließlich die Lagen in Kraftrichtung angesetzt werden dürfen

und dass die Imperfektionen wie für Brettschichtholz (β_c=0,1) anzunehmen sind.

Abb. 12: Ausknicken von Wandelementen

Der Knicknachweis kann somit wie folgt geführt werden:

$$\frac{\sigma_{c,0,d}}{k_c \cdot f_{c,0,d}} \leq 1$$

Schlankheitsgrad:

$$\lambda = \frac{\ell_{ef}}{i} \qquad i = \sqrt{\frac{I_{ef}}{A_{ef}}}$$

I_{ef} wirksames Flächenmoment 2. Grades (nachgiebig verb. Biegeträger)

A_{ef} Querschnittsfläche (nur Lagen in Kraftrichtung)

bezogener Schlankheitsgrad:

$$\lambda_{rel,c} = \sqrt{\frac{f_{c,0,k}}{\sigma_{c,crit}}} = \frac{\lambda}{\pi} \sqrt{\frac{f_{c,0,k}}{E_{0,05}}}$$

Knickbeiwert:

$$k_c = \frac{1}{k + \sqrt{k^2 - \lambda_{rel,c}^2}} \leq 1$$

$$k = 0,5 \cdot \left[1 + \beta_c \cdot \left(\lambda_{rel,c} - 0,3 \right) + \lambda_{rel,c}^2 \right]$$

mit $\beta_c = 0,1$

Unter einer Teilflächenlast kann eine effektive Wandbreite $b_{ef} = 5\,b$ (mit b = Aufstandslänge einer Einzellast) bis zu einem Maximum von H/2 (H = Wandhöhe) angenommen werden. Obwohl diese Regelung bisher nur in der ETA-11/0338 aufgeführt ist, bestehen keine Bedenken, diese Regelungen auch für vergleichbare Produkte zu verwenden.

5.2 Aussteifung

Neben der Aufnahme von vertikalen Lasten in Wandebene (siehe 5.1 Knicken) und horizontalen Lasten rechtwinklig zur Wandebene (Wind) können Wände auch zur Aussteifung eines Gebäudes herangezogen werden. Dabei wird davon ausgegangen, dass eine horizontale Kraft an der Oberseite der Wand angreift und diese Last durch Verankerung in den Baugrund oder das darunter liegende Bauteil weitergeleitet wird. Für aussteifende Wände oder Decken sind Schubsteifigkeit und Schubtragfähigkeit wichtige Kenngrößen. Sie können durch Versuche ermittelt werden.

5.3 Versuche

In einem speziellen Wandprüfstand (Abb. 13) können horizontale Belastungen auf die Oberkannte einer Wand aufgebracht werden.

Abb. 13: Prüfung von Wandelementen unter Horizontallast

Die Lasteinleitung erfolgt dabei kontinuierlich über geneigt angeordnete Schrauben. Die Wand ist unten horizontal gehalten und durch eine vertikale Verankerung gegen Abheben gesichert.

Typische Last-Verschiebungsdiagramme für zwei Wandtypen A (d = 120 mm) und D (d = 200 mm) sind in Abb. 14 dargestellt. Die horizontalen Verschiebungen wurden an der Wandoberseite gemessen. Die Versuche wurden entweder bei großen horizontalen Verschiebungen abgebrochen oder es kam zu einem Versagen der Verankerung (Abb. 13 rechts). Ein Schubversagen der Wandelemente konnte nicht beobachtet werden.

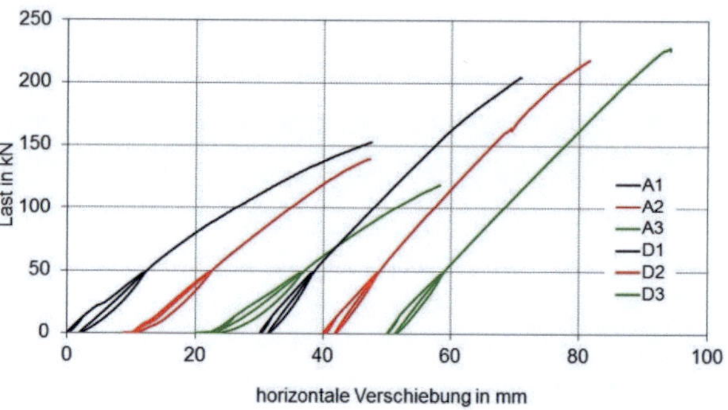

Abb. 14: Last-Verschiebungsdiagramme von Wandscheibenversuchen

Um bei einer statischen Berechnung einer Wand im Gebrauchslastbereich unter einer horizontalen Last die horizontalen Verschiebungen ermitteln zu können, benötigt man die wirksame Schubsteifigkeit der Wand $(GA)_{ef}$.

Diese wurde wie folgt aus Versuchen, bei denen die Horizontalkraft F_v und die zugehörige Horizontalverformung δ ermittelt wurde, berechnet (Abb. 15):

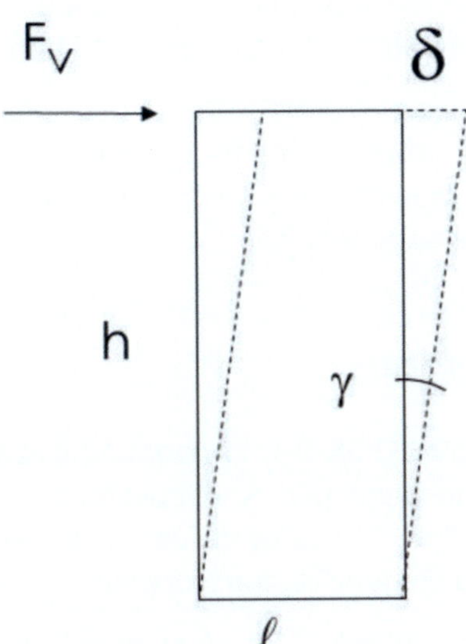

Abb. 15: Prinzipskizze einer durch eine Horizontallast verformten Wand

Die wirksame Schubsteifigkeit einer Wand ergibt sich also zu:

$$(GA)_{ef} = \frac{F_V}{\gamma} = \frac{F_V}{\delta} \cdot h$$

Mit dieser wirksamen Schubsteifigkeit, die in den Zulassungen bzw. ETAs angegeben ist, kann ein Gebrauchstauglichkeitsnachweis geführt werden. Einige ETAs empfehlen hier, dass für die Gebrauchstauglichkeit eine Kopfverschiebung δ von 1/500 der Wandhöhe h nicht überschritten werden soll. Daraus ergibt sie eine horizontale Belastung für die Gebrauchstauglichkeit $F_{v,ser}$:

$$\text{mit } \delta \leq \frac{h}{500} \quad \text{folgt} \quad F_{V,ser} \leq \frac{(GA)_{ef}}{500}$$

Die Tragfähigkeit der Wandelemente $F_{v,Rk}$ liegt weit über diesem Wert und wird erst bei großen Verformungen erreicht. In der Regel wird dann jedoch die Zugverankerung maßgebend.

5.4 Bemessungswerte

In Tabelle 3 sind die Bemessungswerte je m Wandlänge für den Nachweis einer Belastung in Wandebene zusammengestellt. Dabei sind die charakteristischen Werte der horizontalen Belastung für die Gebrauchstauglichkeit unter Annahme einer horizontalen Verschiebung von 1/500 der Wandhöhe und die charakteristischen Tragfähigkeitswerte je m Wandlänge dargestellt. Diese Werte gelten unter der Voraussetzung, dass im Wandelement mindestens eine Längs- eine Quer- und eine Diagonallage vorhanden sind. In diesem Fall kann die Horizontalkraft über diese drei Lagen abgetragen werden (Abb. 16).

MHM Wände bestehen nur aus Längs- und Querlagen, wodurch in den Kreuzungspunkten Momente entstehen, die durch die Nägel in den Kreuzungspunkten übertragen werden müssen (Abb. 17). Dadurch ergeben sich deutlich geringere Tragfähigkeiten.

Tab. 3   Bemessungswerte je m Wandlänge für Wandelemente

Produkt	VM-Durchmesser	Wirksame Schubsteifigkeit	Gebrauchstauglichkeit	Tragfähigkeit
	d (mm)	$(GA)_{ef}$ (N/m)	$F_{v,ser}$ (kN/m)	$F_{v,Rk}$ (kN/m)
TWOODS	16	$4{,}0 \cdot 10^6$	8,0	50
HOLZ 100 (ETA)	20	$4{,}0 \cdot 10^6$	8,0	50
NUR HOLZ	22 (Gewinde)	$6{,}0 \cdot 10^6$	12,0	50
MHM	3,8 (Alu)	k.A.	k.A.	2,75

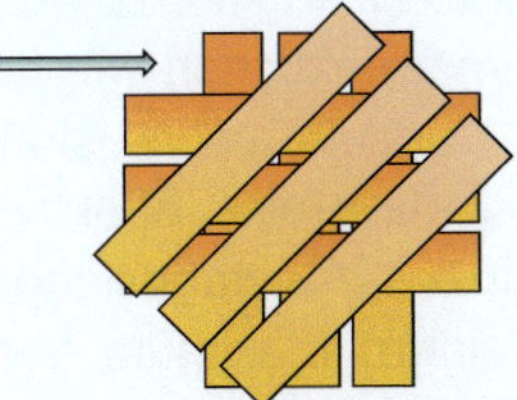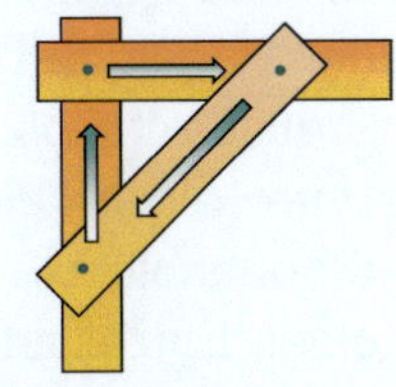

Abb. 16: Lastabtragung bei Wandelementen mit gekreuzten Brettern mit Diagonallagen

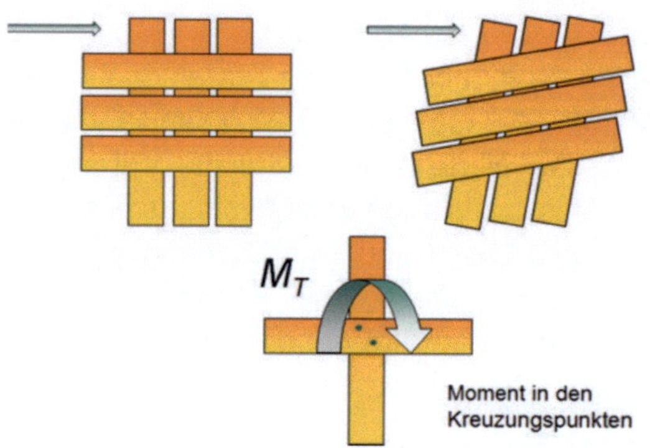

Abb. 17: Lastabtragung bei Wandelementen mit gekreuzten Brettern ohne Diagonallagen

6 Zusammenfassung

Die Verwendbarkeit von massiven Decken und Wänden aus nachgiebig miteinander verbundenen Brettern (verdübelte Elemente) ist in allgemeinen bauaufsichtlichen Zulassungen oder in europäisch technischen Zulassungen (ETA) geregelt. Die Bemessungsverfahren und Bemessungswerte wurden auf Grund von Versuchen an Wand- und Deckenelementen erstellt.

Deckenelemente können als nachgiebig verbundene Biegeträger nach EC5 berechnet werden. Hierfür werden in den Zulassungen/ETAs Verschiebungsmoduln für den Gebrauchstauglichkeitsnachweis und den Tragfähigkeitsnachweis angegeben. Weiterhin werden die rechnerischen Tragfähigkeiten der Dübel festgelegt.

Knicknachweise für die Wände können nach EC5 geführt werden. Somit wird in den Zulassungen bzw. ETAs lediglich angegeben, dass für die wirksame Querschnittsfläche ausschließlich die Lagen in Kraftrichtung angesetzt werden dürfen und dass die Imperfektionen wie für Brettschichtholz (β_c=0,1) anzunehmen sind. Unter einer Teilflächenlast kann eine effektive Wandbreite b_{ef} = 5 b (mit b = Aufstandslänge einer Einzellast) bis zu einem Maximum von H/2 (H = Wandhöhe) angenommen werden.

Für aussteifende Wände und Decken werden unter der Voraussetzung, dass mindestens eine Längs- eine Quer- und eine Diagonallage vorhanden sind, für den Gebrauchstauglichkeitsnachweis wirksame Schubsteifigkeiten angegeben. Daraus kann bei Wahl einer akzeptablen

Horizontalverschiebung der Wand die aufnehmbare Horizontalbelastung einer Wand berechnet werden.

Für den Nachweis der Tragfähigkeit ist unmittelbar die aufnehmbare Horizontallast pro m Wandlänge angegeben.

7 Literatur

[1] DIN EN 1995-1-1, Ausgabe Dezember 2010, Bemessung und Konstruktion von Holzbauten – Teil 1-1: Allgemeines – Allgemeine Regeln und Regeln für den Hochbau

[2] DIN EN 1995-1-1/NA, Ausgabe Dezember 2010, Nationaler Anhang – Bemessung und Konstruktion von Holzbauten – Teil 1-1: Allgemeines – Allgemeine Regeln und Regeln für den Hochbau

[3] Allgemeine bauaufsichtliche Zulassung Nr. Z-9.1-574: Thoma Holz 100 System

[4] Allgemeine bauaufsichtliche Zulassung Nr. Z-9.1-602: MHM-Wandelemente

[5] ETA-09/0244: TWOODS Vollholzelemente

[6] ETA-11/0338: NUR-Holz Vollholzelemente mit „Vollholzschrauben"

[7] Blass, H. J.; Görlacher, R. (2002): Brettsperrholz - Berechnungsgrundlagen. Holzbau-Kalender, Band: 2. Bruderverlag Karlsruhe.

8 Autor

Dr.-Ing. Rainer Görlacher

Akademischer Direktor

Karlsruher Institut für Technologie (KIT)
Holzbau und Baukonstruktionen
Reinhard-Baumeister-Platz 1
76131 Karlsruhe

Kontakt:
Rainer.Goerlacher@kit.edu

Stabförmige Bauteile aus Brettsperrholz
Ansätze für die Biege- und Schubbemessung

Marcus Flaig

Zusammenfassung

In Plattenebene beanspruchte, stabförmige Bauteile aus Brettsperrholz können als Verbundträger aus mehreren, annähernd starr miteinander verbundenen Brettern betrachtet werden. Wegen der streuenden Festigkeits- und Steifigkeitseigenschaften der Bretter ist die Biegefestigkeit solcher Bauteile abhängig von der Anzahl der im Querschnitt neben- und übereinander liegenden Längsbretter. Die Schubtragfähigkeit kann unter Berücksichtigung von drei Versagensmechanismen nach der Verbundtheorie ermittelt werden. Dieser Ansatz ermöglicht eine Schubbemessung auch bei Sonderformen, wie beispielsweise Träger mit angeschnittenen Rändern und Träger mit Durchbrüchen.

1 Einleitung

Brettsperrholz hat sich in den vergangenen Jahren als Werkstoff für die Herstellung tragender Bauteile im Holzbau zunehmend etabliert. Die stetig wachsende Zahl der erteilten Zulassungen und die Bestrebungen, auf europäischer Ebene eine Produktnorm zu erarbeiten, belegen dies anschaulich. Der Anwendungsbereich von Brettsperrholzprodukten ist bislang jedoch weitgehend auf flächige Bauteile, wie Wand-, Decken- oder Dachelemente begrenzt, obwohl die Verwendung für stabförmige Bauteile für viele Anwendungsfälle durchaus vorteilhaft erscheint und in den Zulassungen nicht explizit ausgeschlossen wird. Im Hinblick auf den Einsatz als Biegeträger erscheinen insbesondere die hohen Querzug- und Schubfestigkeiten bei Beanspruchung in Plattenebene und die damit verbundene geringere Rissempfindlichkeit als wesentliche Verbesserung gegenüber Bauteilen aus Brettschichtholz.

Der für Brettsperrholz charakteristische Elementaufbau aus rechtwinklig miteinander verklebten Brettlagen birgt jedoch auch gewisse Nachteile: So leisten die Querlagen, auf die letztlich die hohen Querzug- und Schubfestigkeiten der Bauteile zurückzuführen sind, keinen Beitrag zur Tragfähigkeit in Längsrichtung. Damit stabförmige Bauteile aus Brettsperrholz auch wirtschaftlich konkurrenzfähig sind, ist es erforderlich, diesen Tragfähigkeitsverlust durch eine Optimierung der Querschnitte und die Ausnutzung von Vergütungseffekten soweit wie möglich zu reduzieren und auszugleichen. Hinreichende Schubtragfähigkeiten von Bauteilen aus Brettsperrholz werden in der Regel bereits bei einem Querlagenanteil von 15% bis 20%, bezogen auf den Gesamtquerschnitt, erreicht. Um bei gleichem Materialeinsatz vergleichbare Biegetragfähigkeiten wie bei Brettschichtholzträgern zu erreichen, müsste demnach die auf den Querschnitt der Längslagen bezogene Biegefestigkeit von Brettsperrholz um diesen Anteil größer sein als bei Brettschichtholz.

2 Biegefestigkeit von Brettsperrholz bei Beanspruchung in Plattenebene

2.1 Systembeiwerte für die Biegefestigkeit in Normen und Zulassungen

Für Flächen aus Vollholzlamellen sind in DIN 1052 [1] und EC 5 [2] Systembeiwerte zur Erhöhung der Biegefestigkeit in Abhängigkeit der Anzahl der mitwirkenden Lamellen und der Steifigkeit der Verbindungen zwischen den einzelnen Lamellen angegeben. In beiden Normen wird ein linearer Zusammenhang zwischen der

Anzahl der Lamellen und dem Systembeiwert unterstellt. Der Höchstwert für nachgiebig miteinander verbundene Lamellen beträgt $k_\ell = 1,1$ (*Gl. 1*). Bei verklebten Lamellen darf ein Systembeiwert bis maximal 1,2 angesetzt werden (*Gl. 2*).

$$k_\ell = \min \begin{cases} 1 + \dfrac{n-1}{70} \\ 1,1 \end{cases} \qquad \text{(Gl. 1)}$$

$$k_\ell = \min \begin{cases} 1 + \dfrac{n-1}{35} \\ 1,2 \end{cases} \qquad \text{(Gl. 2)}$$

Ähnliche Angaben sind in vielen der für Brettsperrholzprodukte erteilten nationalen und europäischen Zulassungen enthalten, wobei in den meisten Zulassungen der Systembeiwert auf einen Größtwert von 1,1 bei vier mitwirkenden Lamellen begrenzt wird (*Gl. 3*). Vereinzelt sind auch Werte bis 1,2 bei acht mitwirkenden Lamellen angegeben (*Gl. 4*).

Mit wenigen Ausnahmen ist die Anwendung der in den Zulassungen angegebenen Systembeiwerte nur für die Biegefestigkeit bei Beanspruchungen rechtwinklig zur Plattenebene vorgesehen. Nur in einigen neueren Zulassungen sind Systembeiwerte auch für die Biegefestigkeit bei Beanspruchung in Plattenebene angegeben, z.B. in ETA 11/0189 [3] und ETA 11/0210 [4].

$$k_\ell = \min \begin{cases} 1 + 0,025 \cdot n \\ 1,1 \end{cases} \qquad \text{(Gl. 3)}$$

$$k_\ell = \min \begin{cases} 1 + 0,025 \cdot n \\ 1,2 \end{cases} \qquad \text{(Gl. 4)}$$

Jeitler und Brandner [5] geben auf der Grundlage experimenteller und theoretischer Untersuchungen Systembeiwerte für Querschnitte aus miteinander verklebten Schnitthölzern in Abhängigkeit der Lamellenanzahl und des Variationskoeffizienten der betrachteten Festigkeitskenngröße wie folgt an:

$$k_\ell = 1 + 2,7 \cdot \mathrm{VarK}(f)^{1,95} \cdot \ln(n) \qquad \text{(Gl. 5)}$$

für $\mathrm{VarK} \leq 0,25$ und $1 \leq n \leq \infty$

Die von Jeitler und Brandner ermittelte logarithmische Funktion für den Systembeiwert führt im Vergleich mit den in den Normen und Zulas-

sungen angegebenen, abschnittsweise linearen Funktionen zu deutlich größeren Systembeiwerten. Dies trifft insbesondere für kleine Werte von n zwischen zwei und sechs zu, die im Hinblick auf die praktische Anwendung von stabförmigen Bauteilen aus Brettsperrholz von besonderer Bedeutung sind.

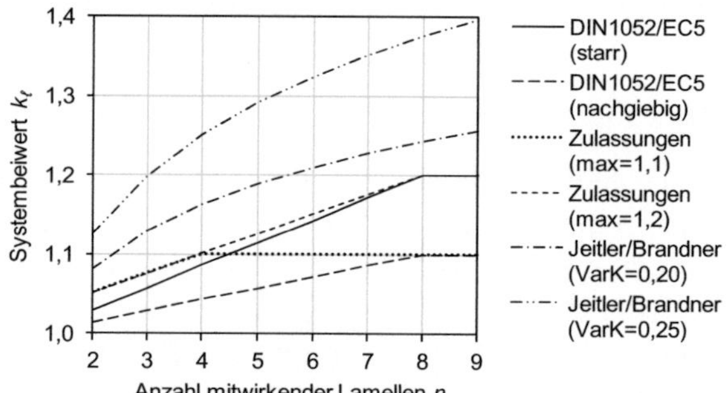

Abb. 1: *Systembeiwerte nach DIN 1052 bzw. EC 5, nationalen und europäischen Zulassungen für Brettsperrholzprodukte und nach Jeitler u. Brandner*

2.2 Beanspruchung der Lamellen

Brettsperrholzelemente werden gewöhnlich aus Brettlamellen hergestellt, die nach denselben Kriterien wie Lamellen für Brettschichtholz sortiert sind. Im Gegensatz zu Brettschichtholz, wo bei Flachkant-Biegebeanspruchung der Lamellen die Normalspannungen innerhalb einer Lamelle annähernd konstant sind, treten bei in Plattenebene auf Biegung beanspruchten Bauteilen aus Brettsperrholz nennenswerte Biegespannungsanteile innerhalb der Lamellen auf. Die einzelnen Brettlamellen werden dabei entgegen der vorgesehenen Verwendung im Sinne der Sortierung nicht mehr vornehmlich durch Zug- oder Druckkräfte, sondern gleichzeitig auch durch nicht mehr zu vernachlässigende Biegemomente beansprucht.

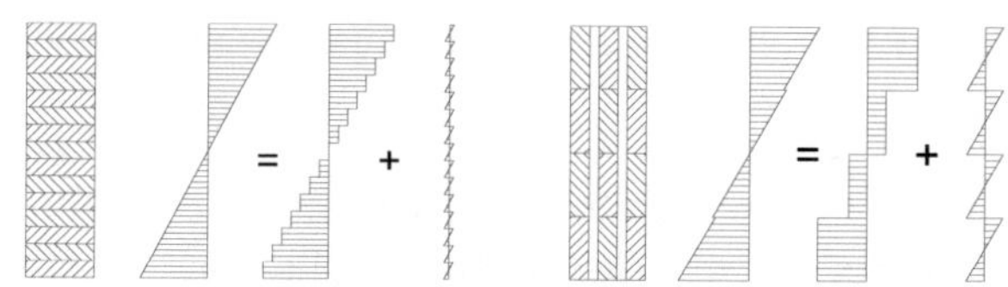

Abb. 2: *Normalspannungen in den Lamellen von auf Biegung beanspruchten Brettschichtholzträgern (links) und Brettsperrholzträgern (rechts)*

Da die Lamellen nach den Kriterien für Bretter sortiert werden, kann die Biegefestigkeit von in Plattenebene beanspruchten Bauteilen aus Brettsperrholz nicht auf der Grundlage von Biegefestigkeiten ermittelt werden, die für kantholzsortiertes Schnittholz gelten. Auch die oben genannten Systembeiwerte können nicht ohne weiteres verwendet werden, da sie von der Streuung der betrachteten Festigkeitseigenschaft abhängig sind und diese für die Zug- und die Biegefestigkeit nicht gleich groß ist.

2.3 Biegefestigkeit in Abhängigkeit des Lagenaufbaus

Zur Ermittlung der Biegefestigkeit von in Plattenebene beanspruchten Bauteilen aus Brettsperrholz in Abhängigkeit des Lagenaufbaus wurden Tragfähigkeitsversuche nach EN 408 numerisch simuliert. Hierfür wurde ein bereits in den 1990er Jahren am Lehrstuhl für Holzbau und Baukonstruktionen des KIT entwickeltes Rechenmodell für die Simulation der Biegefestigkeit von Brettschichtholzträgern verwendet (Colling [6], Blaß et al. [7]), das für die Simulation von Brettsperrholz entsprechend modifiziert und erweitert wurde. Eine wesentliche Ergänzung des bestehenden Rechenmodells war die Einführung der Hochkant-Biegefestigkeit von Brettern und Keilzinkenverbindungen, die zuvor durch Versuche ermittelt wurden.

Tab. 1   Hochkantbiegefestigkeit von visuell nach DIN 4074-1 sortierten Brettern

Sortierklasse nach DIN 4074-1	Anzahl n	Mittelwert $f_{m,mean}$	5%-Quantil $f_{m,05}$
S7	18	21,2	7,7
S10	48	32,5	15,8
S13	30	44,1	22,1

Die im Vergleich mit den Biegefestigkeiten von kantholzsortiertem Nadelschnittholz deutlich geringeren Werte sind auf den Einfluss von Schmalseiten- und Kantenästen zurückzuführen, für die bei der Brettsortierung größere Grenzwerte festgelegt sind.

Durch die Einführung der Hochkantbiegefestigkeit im Rechenmodell war es möglich, den Ein-

fluss von Kanten- und Schmalseitenästen bei der Simulation der Biegefestigkeit von Brettsperrholzträgern zu berücksichtigen. In der Biegezugzone wurde dabei eine lineare Interaktion der Zug- und Biegespannungsanteile als Versagenskriterium verwendet.

$$\frac{\sigma_{t,0}}{f_{t,0}} + \frac{\sigma_m}{f_m} = 1 \qquad (Gl.\ 6)$$

Für Träger aus Lamellen der Sortierklasse S10 mit einer Referenzhöhe von 600 mm ergeben sich die auf den Querschnitt der Längslagen bezogenen 5%-Quantile der Biegefestigkeit nach *Abb. 3*.

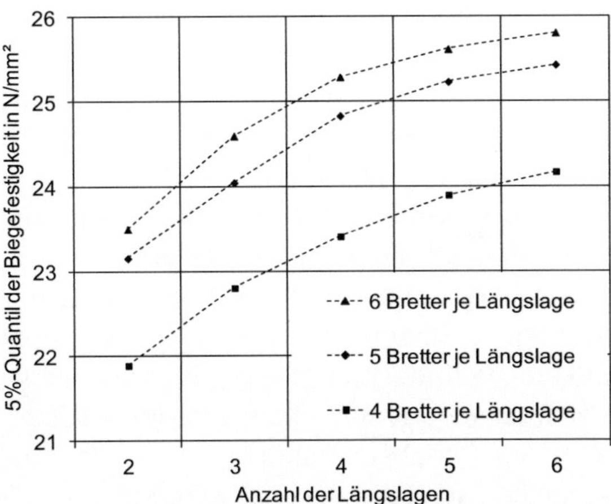

Abb. 3:   Simulierte 5%-Quantile der Biegefestigkeit für 600 mm hohe Brettsperrholzträger aus Brettern der Sortierklasse S10

Wegen der geringen Hochkantbiegefestigkeit brettsortierter Lamellen ergeben sich, bezogen auf die Biegefestigkeit von Brettschichtholz der Festigkeitsklasse GL24, das aus Brettern der gleichen Sortierklasse besteht, teilweise Systembeiwerte kleiner als eins. Der Anteil der Biegespannungen in den Lamellen und damit der Einfluss der Hochkantbiegefestigkeit der Lamellen auf die Biegefestigkeit des Gesamtquerschnittes nimmt jedoch mit zunehmender Anzahl der in Richtung der Trägerhöhe übereinander liegenden Lamellen ab. Bei Querschnitten mit drei Längslagen und fünf Lamellen je Längslage wird eine auf den Querschnitt der Längslagen bezogene, charakteristische Biegefestigkeit von etwa 24 N/mm² erreicht. Für Querschnitte mit 6 x 6 Lamellen in den Längslagen wurde eine charakteristische Biegefestigkeit von 25,8 N/mm² simuliert. Dies entspricht einer Steigerung von 8% gegenüber der charakteristischen Biegefestigkeit von Brettschichtholz.

3 Schubbemessung bei Beanspruchung in Plattenebene

3.1 Mechanisches Modell für Scheiben aus Brettsperrholz

Bei den meisten am Markt verfügbaren Brettsperrholzprodukten sind die Schmalseiten der in einer Lage nebeneinander liegenden Bretter nicht miteinander verklebt. Dies hat den Vorteil, dass bei der Herstellung der Elemente nur in Richtung der Elementdicke Pressdruck aufgebracht werden muss. Die schubfeste Verbindung zwischen den Brettern einer Lage erfolgt dann indirekt über die Klebefugen mit den rechtwinklig angeordneten Brettern benachbarter Lagen. Schubkräfte, die in Scheibenebene wirken, verursachen daher in Brettsperrholzelementen ohne Schmalseitenverklebung nicht nur Schubspannungen in den Brettquerschnitten, sondern auch in den Kreuzungsflächen zwischen rechtwinklig miteinander verklebten Brettern. Insgesamt werden beim Nachweis der Schubspannungen von in Plattenebene beanspruchtem Brettsperrholz drei Versagensmechanismen unterschieden (*Abb. 4.*)

Versagensmechanismus 1:

Durch die Verzerrung der Scheibe entstehen in den Brettern über die Scheibenhöhe konstant angenommene Schubspannungen, die zu einem Versagen in Faserrichtung der Bretter führen können (Schubversagen im Bruttoquerschnitt).

$$\tau_{tot} = \frac{T}{h \cdot t_{tot}} \qquad (Gl.\ 7)$$

In DIN 1052 ist für Nadelschnittholz eine charakteristische Schubfestigkeit von 2,0 N/mm², für Brettschichtholz von 2,5 N/mm² angegeben. Diese Werte berücksichtigen allerdings signifikante Schwindrisse, die den Querschnitt schwächen. Bei Mehrschichtplatten wurden im Rahmen von Prüfungen für allgemeine bauauf-

sichtliche Zulassungen charakteristische Schubfestigkeiten von 3,8 N/mm² ermittelt (Blaß und Fellmoser [8]). Die signifikant höheren Werte lassen sich teilweise durch die verhältnismäßig dünnen Brettlagen erklären, die praktisch keine Schwindrisse aufweisen. Darüber hinaus wird durch die Sperrwirkung der Querlagen das Auftreten großer Einzelrisse behindert. Wegen der im Vergleich etwas größeren Brettdicken wird für die Ermittlung der auf den Bruttoquerschnitt bezogenen Schubfestigkeiten von Brettsperrholz ein charakteristischer Wert der Schubfestigkeit von $f_{v,1,k}$ =3,5 N/mm² angesetzt.

Versagensmechanismus 2:

In den Fugen zwischen den nicht miteinander verklebten Brettern einer Lage steht für die Übertragung der Schubkräfte nur der Querschnitt der rechtwinklig zur betrachteten Fuge verlaufenden Brettlagen zur Verfügung. Die in den Fugen quer zur Faserrichtung wirkenden Schubspannungen können zu einem Abscheren quer zur Faser führen (Schubversagen im Nettoquerschnitt).

$$\tau_{net} = \frac{T}{h \cdot t_{net}} \qquad (Gl.\ 8)$$

Obwohl die Schubspannungen im Nettoquerschnitt deutlich größer sind als die Schubspannungen beim Versagen der gesamten Scheibe, werden sie nur bei Aufbauten maßgebend, bei denen der Anteil der Brettlagen in einer der beiden Richtungen sehr gering ist, da die zugehörige Festigkeit für Abscheren rechtwinklig zur Faserrichtung deutlich größer ist als die Schubfestigkeit in Faserrichtung. Jöbstl et al. [9] haben durch Versuche an Brettsperrholz einen Mittelwert von 12,8 N/mm² und ein 5%-Quantil von 10,3 N/mm² ermittelt.

Versagensmechanismus 3:

Die Verzerrungen in Scheibenebene bewirken eine gegenseitige Verdrehung rechtwinklig gekreuzter Brettlagen. Die dadurch in den Kreuzungsflächen entstehenden Torsionsmomente verursachen Schubspannungen, die zu einem Versagen in den Kreuzungsflächen führen können. Blaß und Görlacher [10] schlagen vor, das äußere, auf die Scheibe einwirkende Moment im Verhältnis der Torsionssteifigkeiten auf die

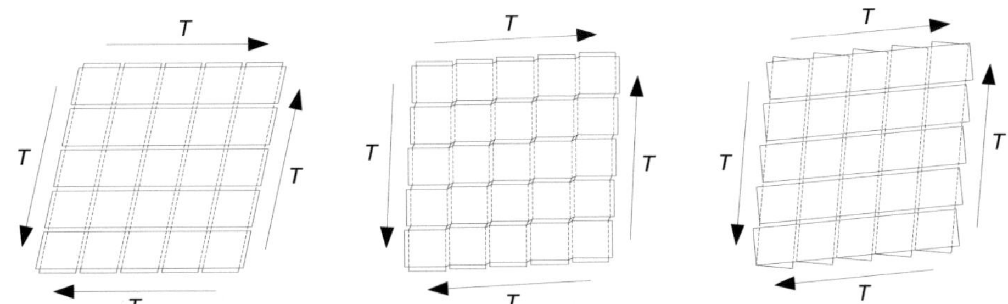

Abb. 4:   *Versagensmechanismen bei Schubbeanspruchung: Schub im Bruttoquerschnitt (links),*
Schub im Nettoquerschnitt (Mitte) und Schub in den Kreuzungsflächen (rechts)

einzelnen Kreuzungsflächen aufzuteilen. Weiterhin wird von ihnen vorausgesetzt, dass die Schubspannungen rechtwinklig zur Faserrichtung zum Versagen führen Die in den Kreuzungsflächen rechtwinklig zur Faserrichtung wirkende Torsionsschubspannung ergibt sich damit zu:

$$\tau_{tor} = \frac{M_{tor}}{\Sigma I_{p,KF}} \cdot \frac{a_{KF}}{2} = \frac{T \cdot h}{\Sigma I_{p,KF}} \cdot \frac{a_{KF}}{2} \qquad \text{(Gl. 9)}$$

In Versuchen mit rechtwinklig miteinander verklebten Brettern haben Blaß und Görlacher [10] einen Mittelwert der Torsionsschubfestigkeit von 3,6 N/mm² bei einem Kleinstwert von 2,6 N/mm² ermittelt. Auf der Grundlage dieser Werte wurde eine charakteristische Torsionsschubfestigkeit von 2,5 N/mm² vorgeschlagen.

Neben den Torsionsschubspannungen können in den Kreuzungsflächen entlang der Ränder der Scheibe zusätzliche, durch die Lasteinleitung hervorgerufene Schubspannungen parallel zu den Scheibenrändern auftreten (vgl. *Abb. 5*):

$$\tau_x = \frac{T}{n \cdot A_{KF}} \qquad \text{(Gl. 10)}$$

$$\tau_y = \frac{h}{\ell} \cdot \frac{T}{m \cdot A_{KF}} \qquad \text{(Gl. 11)}$$

Anders als die Torsionsschubspannungen τ_{tor}, die nur lokal rechtwinklig zur Faserrichtung wirken, sind die Schubspannungen τ_x und τ_y in einer der beiden Kontaktflächen stets rechtwinklig zur Faserrichtung gerichtet. Diese Spannungskomponenten werden daher mit der charakteristischen Rollschubfestigkeit der Bretter (f_R = 1,0 N/mm²) nachgewiesen (s. (*Gl. 12*)).

In (*Gl. 7*) bis (*Gl. 11*) bedeuten:

T	einwirkende Schubkraft
τ_{tot}	Schubspannung im Bruttoquerschnitt
t_{tot}	Elementdicke
τ_{net}	Schubspannung im Nettoquerschnitt
t_{net}	Summe der Längs- bzw. Querlagendicken, wobei der kleinere Wert maßgebend ist
τ_{tor}	Torsionsschubspannung in den Kreuzungsflächen
τ_x	in x-Richtung wirkende Schubspannung in den Kreuzungsflächen
τ_y	in y-Richtung wirkende Schubspannung in den Kreuzungsflächen
a_{KF}	größere Seitenlänge einer Kreuzungsfläche
h	Höhe der Scheibe
ℓ	Länge der Scheibe
m	Anzahl der Bretter in horizontalen Brettlagen
n	Anzahl der Bretter in vertikalen Brettlagen
$I_{p,KF}$	polares Trägheitsmoment einer Kreuzungsfläche

$$I_{p,KF} = \frac{b_v \cdot b_h^3}{12} + \frac{b_h \cdot b_v^3}{12}$$

$\Sigma I_{p,KF}$	Summe der polaren Trägheitsmomente aller Kreuzungsflächen

$$\Sigma I_{p,KF} = m \cdot n \cdot I_{p,KF}$$

A_{KF}	Kreuzungsfläche $A_{KF} = b_v \cdot b_h$

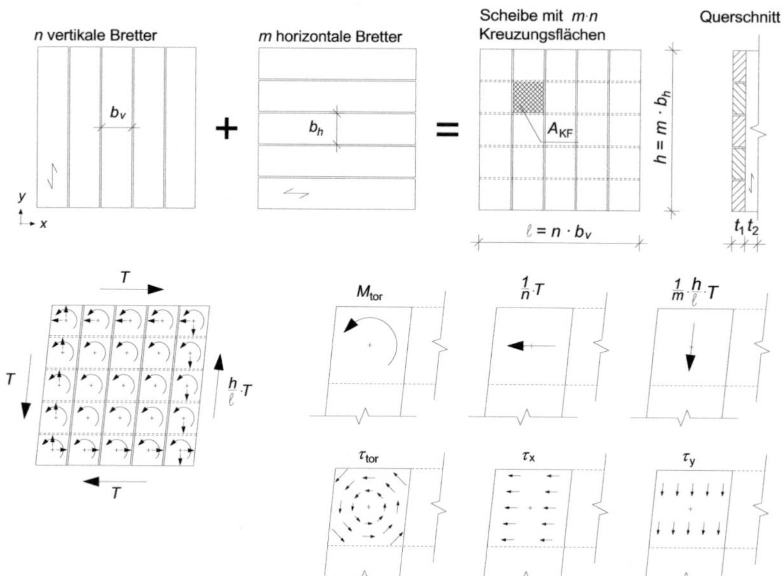

Abb. 5: Beanspruchungen in den Kreuzungsflächen von in Plattenebene beanspruchten Scheiben aus Brettsperrholz

Beim Nachweis der Schubspannungen in den Kreuzungsflächen werden die einzelnen Spannungskomponenten überlagert. Als Nachweiskriterium können die beiden nachfolgend genannten Bedingungen verwendet werden:

$$\frac{\tau_{tor}}{f_{v,tor}} + \frac{\tau_x}{f_R} \leq 1 \quad \text{und} \quad \frac{\tau_{tor}}{f_{v,tor}} + \frac{\tau_y}{f_R} \leq 1 \quad (Gl.\ 12)$$

3.2 Mechanisches Modell für Stäbe

Bei in Plattenebene auf Biegung beanspruchten, stabförmigen Bauteilen aus Brettsperrholz können – wie bei Scheiben – die Versagensmechanismen 1 bis 3 auftreten. Während zur Ermittlung der mit den Versagensmechanismen 1 und 2 verbundenen Schubspannungen lediglich die Schubkraft T durch die 1,5-fache Querkraft V eines Stabes ersetzt werden muss, sind zur Ermittlung der Schubspannungen in den Kreuzungsflächen von stabförmigen Bauteilen von den oben beschriebenen Ansätzen für scheibenartige Bauteile abweichende Modelle erforderlich.

Zur Ermittlung der Spannungen in den einzelnen Brettern und in den Kreuzungsflächen zwischen benachbarten Längs- und Querlagen können stabförmige Bauteile aus Brettsperrholz als Verbundquerschnitte aus mehreren übereinander angeordneten Querschnittsteilen betrachtet werden. Die Teilquerschnitte des Verbundträgers bilden die übereinander angeordneten Bretter der Längslagen, während der Verbund zwischen den Teilquerschnitten indirekt über die Kreuzungsflächen mit den Brettern der Querlagen hergestellt wird. Sind die Bauteile hinreichend schlank, kann die Nachgiebigkeit der Klebefugen bei der Ermittlung der Spannungsverteilung im Querschnitt vernachlässigt werden. Die gegenseitige Verdrehung der rechtwinklig miteinander verklebten Brettlagen verursacht, wie bei den Scheiben, Torsionsschubspannungen in den Kreuzungsflächen. Wird die Verdrehung in über die Querschnittshöhe konstant angenommen sind die Torsionsmomente im Verhältnis der polaren Trägheitsmomente über die Querschnittshöhe verteilt. Wegen der unterschiedlichen Normalkräfte in den übereinander liegenden Längsbrettern wirken in den Kreuzungsflächen zusätzlich Schubspannungen in Trägerlängsrichtung.

Aufgrund ihrer Orientierung ist die Steifigkeit der Querlagen in Richtung der Querschnittshöhe deutlich höher als die der Längslagen. Werden Querlasten und Auflagerkräften durch Kontakt übertragen, erfolgt die Einleitung dieser Kräfte nahezu vollständig über die Hirnholzflächen der Querbretter. In den Kreuzungsflächen entstehen dadurch zusätzliche, quer zur Stabachse gerichtete Schubspannungen.

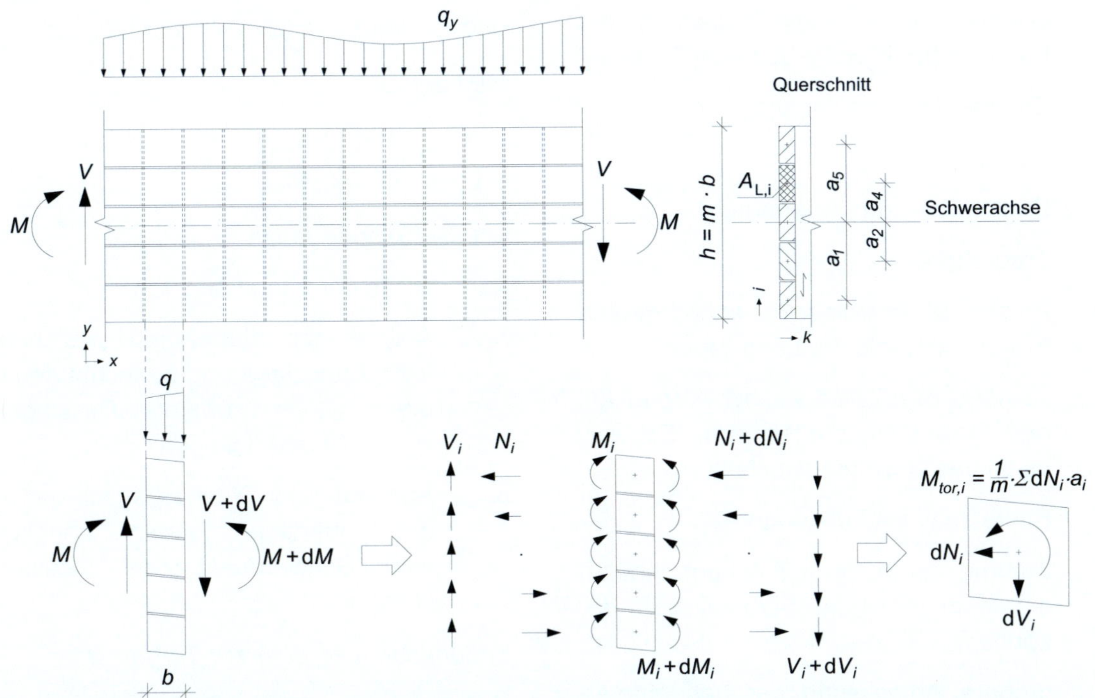

Abb. 6:   Aus der Verbundwirkung resultierende Beanspruchung der Kreuzungsflächen bei auf Biegung beanspruchten stabförmigen Bauteilen aus Brettsperrholz durch Torsionsmomente, Normalkräfte und Querkräfte

Bei stabförmigen Bauteilen können die drei Schubspannungskomponenten wie folgt ermittelt werden:

Torsionsschubspannung:

Wie bei den Scheiben kann die in den Kreuzungsflächen wirkende Torsionsschubspannung berechnet werden als:

$$\tau_{tor} = \frac{\sum\limits_{i=1}^{m} M_{tor,i}}{\sum\limits_{i=1}^{m} I_{p,i}} \cdot \frac{b_{max}}{2} \qquad \textit{(Gl. 13)}$$

Aus dem Modell des Verbundträgers ergibt sich:

$$\sum_{i=1}^{m} M_{tor,i} = \sum_{i=1}^{m} dN_i(x) \cdot a_i \qquad \textit{(Gl. 14)}$$

$$dN_i(x) = \frac{dM(x)}{I_{L,ges}} \cdot a_i \cdot \Sigma A_{L,i} \qquad \textit{(Gl. 15)}$$

Desweiteren gilt:

$$dM(x) = V(x) \cdot dx = V(x) \cdot b_Q$$

$$I_{L,ges} = \frac{\Sigma t_L \cdot h^3}{12}$$

$$\Sigma A_{L,i} = \Sigma t_L \cdot b_Q$$

Damit ergibt sich die Torsionsschubspannung in den Kreuzungsflächen zu:

$$\tau_{tor} = 6 \cdot \frac{V \cdot b_Q}{h^3} \cdot \frac{\sum\limits_{i=1}^{m} a_i^2 \cdot b_{L,i}}{\sum\limits_{i=1}^{m} I_{p,i}} \cdot b_{max} \qquad \textit{(Gl. 16)}$$

In (*Gl. 13*) bis (*Gl.16*) bedeuten:

$dN_i(x)$ Differential der Normalkraft im *i*-ten Brett an der Stelle *x*; hier: Änderung der Normalkraft innerhalb der Länge b_Q

$dM(x)$ Differential des Biegemomentes im Träger an der Stelle *x*; hier: Änderung des Biegemomentes innerhalb der Länge b_Q

$I_{L,ges}$ Flächenträgheitsmoment der als starr verbunden angenommenen Längslagen

$\Sigma A_{L,i}$ Summe der Querschnittsflächen der Längsbretter in Höhe des i-ten Brettes

Σt_L Summe der Längslagendicken

V Querkraft

b_Q Brettbreite in den Querlagen

h Trägerhöhe

m Anzahl der übereinander angeordneten Bretter innerhalb der Längslagen

a_i Abstand des Teilflächenschwerpunktes des i-ten Längsbrettes vom Schwerpunkt des Gesamtquerschnitts

$b_{L,i}$ Breite des i-ten Längsbrettes

$\Sigma I_{p,i}$ Summe der polaren Flächenträgheitsmomente in einem Stababschnitt der Länge b_Q

b_{max} größere Abmessung der betrachteten Kreuzungsfläche

Werden auch für die Längslagen Bretter mit einheitlicher Breite b_L verwendet, lässt sich mit

$$\sum_{i=1}^{m} a_i^2 = b_L^2 \cdot \sum_{i=1}^{m} \left(\frac{m+1}{2} - i \right)^2 = b_L^2 \cdot \frac{(m^3 - m)}{12}$$

die Torsionsschubspannung wie folgt angeben:

$$\tau_{tor} = 6 \cdot \frac{V}{b_L \cdot n_{KF}} \cdot \left(\frac{1}{m} - \frac{1}{m^3} \right) \cdot \frac{b_{max}}{b_L^2 + b_Q^2} \qquad (Gl.\ 17)$$

Schubspannung in Richtung der Trägerachse:

Die in den Kreuzungsflächen wirkende Schubspannung in Richtung der Trägerachse ist abhängig vom Abstand der betrachteten Kreuzungsfläche zur Schwerachse des Querschnitts. Die maximale Spannung tritt stets in den Kreuzungsflächen des obersten oder untersten Längsbrettes auf.

$$\tau_x = \frac{dN_i}{n_{KF,k} \cdot A_{KF,i}} = \frac{dM(x)}{I_{ges}} \cdot \frac{a_{i,max} \cdot A_{L,i,k}}{n_{KF,k} \cdot A_{KF,i,k}} \qquad (Gl.\ 18)$$

mit $I_{ges} = \dfrac{\Sigma t_L \cdot h^3}{12}$

$A_{L,i,k} = t_{L,k} \cdot b_{L,i}$

$A_{KF,i} = b_{L,i} \cdot b_Q$

und $dM(x) = V(x) \cdot dx = V(x) \cdot b_Q$

folgt daraus

$$\tau_x = 12 \cdot \frac{V \cdot t_{L,k} \cdot a_{i,max}}{h^3 \cdot \Sigma t_L \cdot n_{KF,k}} \qquad (Gl.\ 19)$$

In (*Gl. 19*) bedeuten:

$t_{L,k}$ Dicke der k-ten Längslage

$n_{KF,k}$ Anzahl der Klebefugen zwischen der k-ten Längslage und benachbarten Querlagen; $n_{KF,k} = 1$ für Rand-/Decklagen und $n_{KF,k} = 2$ für Mittellagen

$a_{i,max}$ Abstand des Teilflächenschwerpunktes des obersten/untersten Längsbrettes vom Schwerpunkt des Gesamtquerschnitts

Schubspannung quer zur Trägerachse:

Durch äußere Lasten verursachte Schubspannungen quer zur Trägerachse können berechnet werden als:

$$\tau_y = \frac{q_y}{m \cdot b} \qquad (Gl.\ 20)$$

In (*Gl. 20*) bedeuten:

q_y äußere Last, bei Einzellasten und Auflagerkräften gilt $q_y = F_y / \ell_A$

     mit F_y in Richtung der Querbretter wirkende Kraft

ℓ_A Länge der Lasteinleitungs- oder Auflagerfläche

3.3   Träger mit angeschnittenen Rändern

Aufgrund der geringen Festigkeitskennwerte von Nadelholz quer zur Faserrichtung nehmen die rechnerischen Biegefestigkeiten von Brettschichtholzträgern mit schräg zur Faserrichtung angeschnittenen Rändern bereits bei kleinen Faseranschnittwinkeln deutlich ab. Beim Nachweis der Biegespannung an angeschnittenen Rändern mit den in DIN 1052 angegebenen Abminderungsfaktoren $k_{\alpha,c}$ und $k_{\alpha,t}$ wird implizit auch der Nachweis der dort auftretenden Schub- sowie Querdruck- bzw. Querzugspannungen geführt.

$$k_{\alpha,c} = \sqrt{\dfrac{1}{\left(\dfrac{f_m \cdot \sin^2\alpha}{f_{c,90}}\right)^2 + \left(\dfrac{f_m \cdot \sin\alpha \cdot \cos\alpha}{1,5 \cdot f_v}\right)^2 + \cos^4\alpha}} \qquad \text{(Gl. 21)}$$

$$k_{\alpha,t} = \sqrt{\dfrac{1}{\left(\dfrac{f_m \cdot \sin^2\alpha}{f_{t,90}}\right)^2 + \left(\dfrac{f_m \cdot \sin\alpha \cdot \cos\alpha}{f_v}\right)^2 + \cos^4\alpha}} \qquad \text{(Gl. 22)}$$

Bei in Plattenebene beanspruchten Brettsperrholzträgern sind wegen der Querlagen sowohl die Schubfestigkeit als auch die Zug- und Druckfestigkeit in Richtung der Querlagen deutlich größer als bei Brettschichtholz. Für Brettsperrholzträger mit angeschnittenen Rändern sind daher höhere Tragfähigkeiten zu erwarten als bei vergleichbaren Brettschichtholzträgern. Die Abminderungsfaktoren k_α für Bauteile aus Brettsperrholz können ebenfalls nach (*Gl. 21*) bzw. (*Gl. 22*) ermittelt werden, wenn die erforderlichen Festigkeiten f_m, f_v und $f_{c,90}$ bzw. $f_{t,90}$ unter Berücksichtigung der Zug-, Druck- und Schubfestigkeit der Brettlamellen sowie der Schubfestigkeit in den Kreuzungsflächen bestimmt und auf den Querschnitt der Längslagen bezogen werden. Aus den Versagensmechanismen 1 „*Schubversagen im Bruttoquerschnitt*" und 3 „*Schubversagen in den Kreuzungsflächen*" kann die auf den Querschnitt der Längslagen bezogene Schubfestigkeit von Brettsperrholz mit gleichen Brettbreiten in allen Lagen ($b_{L,i} = b_Q$) wie folgt bestimmt werden:

$$f_{v,k,BSP} = \min \begin{cases} f_{v,k} \cdot \dfrac{\Sigma t}{\Sigma t_L} \\[2ex] f_{v,tor,k} \cdot k_{v,tor} \end{cases} \qquad \text{(Gl. 23)}$$

mit

$$k_{v,tor} = \dfrac{b}{2 \cdot \left(1 - \dfrac{1}{m_x^2}\right) \cdot \dfrac{\Sigma t_L}{n_{KF}} + 10 \cdot t_{L,k} \cdot \left(\dfrac{1}{m_x} - \dfrac{1}{m_x^2}\right)}$$

$f_{v,k}$ = 3,5 N/mm², charakteristische Schubfestigkeit des Brettmaterials unter Berücksichtigung verminderter Schwindrisse

$f_{v,tor,k}$ = 2,5 N/mm², charakteristische Torsionsschubfestigkeit in den Kreuzungsflächen

m_x = $h(x)/b_L$, Anzahl der übereinander liegenden Bretter in den Längslagen an der Stelle x

Der Versagensmechanismus 2 „*Schubversagen rechtwinklig zur Faserrichtung in den Querlagen*" wird wegen der geringen Schubspannungen rechtwinklig zur Faserrichtung, die im Bereich der angeschnittenen Ränder auftreten, nicht berücksichtigt. Bei der Ermittlung der Querzug- und Querdruckfestigkeit werden die Versagensmechanismen „*Zug- bzw. Druckversagen in den Querlagen*" durch Erreichen der Festigkeit in Faserrichtung und „*Schubversagen in den Kreuzungsflächen*" durch Erreichen der Rollschubfestigkeit berücksichtigt. Die auf den Querschnitt der Längslagen bezogene Querzug- und Querdruckfestigkeit ergeben sich damit zu:

$$f_{t,90,k,BSP} = \min \begin{cases} f_{t,0,k} \cdot \dfrac{\Sigma t_Q}{\Sigma t_L} \\[2ex] f_{R,k} \cdot \dfrac{n_{KF} \cdot b_L}{2 \cdot \Sigma t_L} \end{cases} \qquad \text{(Gl. 24)}$$

$$f_{c,90,k,BSP} = \min \begin{cases} f_{c,0,k} \cdot \dfrac{\Sigma t_Q}{\Sigma t_L} \\[2ex] f_{R,k} \cdot \dfrac{n_{KF} \cdot b_L}{2 \cdot \Sigma t_L} \end{cases} \qquad \text{(Gl. 25)}$$

In (*Gl. 24*) und (*Gl. 25*) bedeuten

$f_{t,0,k}$ charakteristische Zugfestigkeit der Querlagenbretter in Faserrichtung

$f_{c,0,k}$ charakteristische Druckfestigkeit der Querlagenbretter in Faserrichtung

$f_{R,k}$ = 1,0 N/mm², charakteristische Rollschubfestigkeit

Σt_Q Summe der Querlagendicken

Σt_L Summe der Längslagendicken

Für Brettsperrholzträger mit vier Längslagen aus Brettlamellen der Sortierklasse S10 ergeben sich unter Annahme einer Biegefestigkeit von 24 N/mm² die in *Abb. 7* angegebenen Abminderungsfaktoren.

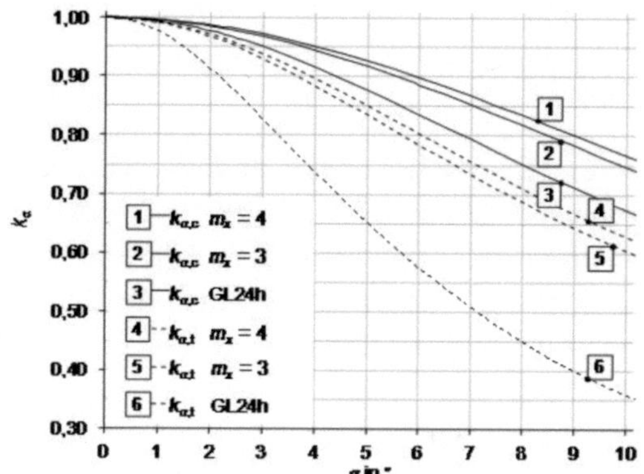

Abb. 7: *Abminderungsfaktoren k_α für Brettsperrholzträger mit $b_L = b_Q = 150$ mm, $n_{KF} = 4$, $\Sigma t_L = 120$ mm und $t_{L,k} = 30$ mm sowie für Brettschichtholz der Festigkeitsklasse GL24h*

Aus Versuchen mit Brettsperrholzträgern mit angeschnittenen Rändern wurden die in *Tab. 2* zusammengestellten Abminderungsfaktoren ermittelt. Für die beiden untersuchten Faseranschnittwinkel wurden jeweils fünf Träger mit angeschnittenem Rand in der Biegezug- und in der Biegedruckzone geprüft.

Tab. 2: *Abminderungsfaktoren k_α für Brettsperrholzträger mit $b = 150$ mm, $n_{KF} = 4$, $\Sigma t_L = 120$ mm und $t_{L,k} = 30$ mm*

Faseranschnittwinkel	$f_{m,\alpha,k}$ experimentell	k_α experimentell	k_α analytisch	Verhältnis
5,9° [1]	29,3	0,89	0,89	1,00
10° [1]	27,1	0,82	0,77	0,93
5,9° [2]	24,5	0,74	0,79	1,06
10° [2]	21,6	0,66	0,63	0,96

[1] angeschnittener Rand in der Biegedruckzone
[2] angeschnittener Rand in der Biegezugzone

3.4 Träger mit Durchbrüchen

Im Bereich von Durchbrüchen treten lokal hohe Schub- und Querzugspannungen auf. Um die mit diesen Beanspruchungen verbundenen spröden Versagensmechanismen zu vermeiden, werden bei Brettschichtholzträgern mit Durchbrüchen in der Regel lokale Verstärkungen ausgeführt. Bei in Plattenebene beanspruchten Brettsperrholzträgern wirken die quer zur Stabachse orientierten Brettlagen ähnlich

wie außen aufgeklebte Schub- und Querzugverstärkungen aus Holzwerkstoffplatten bei Bauteilen aus Brettschichtholz. In Brettsperrholzträgern mit Durchbrüchen müssen in den Kreuzungsflächen zwischen Längs- und Querlagen jedoch nicht nur die lokalen Spannungsspitzen übertragen werden, sondern auch die aus einer Biegebeanspruchung resultierenden Schubkräfte zwischen den Brettern der Längslagen.

Die Maximalwerte der Schubspannungen, die im Bereich von Durchbrüchen in den Kreuzungsflächen auftreten, können auf der Grundlage von (*Gl. 16*) oder (*Gl. 17*) zur Berechnung der Torsionsschubspannung und (*Gl. 18*) oder (*Gl. 19*) zur Berechnung der Schubspannung in Richtung der Stabachse ermittelt werden. Lokale Spannungsspitzen werden durch die Beiwerte k_1 bis k_5 erfasst, wobei die Beiwerte k_1 bzw. k_3 und k_4 den Einfluss der Durchbruchhöhe auf die Schubspannungen und die Beiwerte k_2 bzw. k_5 den Einfluss der Durchbruchlänge beschreiben.

$$\tau_{tor,DB} = k_1 \cdot k_2 \cdot \tau_{tor} \qquad (Gl.\ 26)$$

$$= k_1 \cdot k_2 \cdot \frac{3 \cdot V}{b^2} \cdot \left(\frac{1}{m} - \frac{1}{m^3}\right) \cdot \frac{1}{n_{KF}}$$

$$\tau_{x,DB} = k_3 \cdot k_4 \cdot k_5 \cdot \tau_x \qquad (Gl.\ 27)$$

$$= k_3 \cdot k_4 \cdot k_5 \cdot \frac{6 \cdot V \cdot t_{i,\ell}}{\Sigma t_{i,\ell} \cdot b^2} \cdot \left(\frac{1}{m^2} - \frac{1}{m^3}\right) \cdot \frac{1}{n_{KF,i}}$$

mit

$$k_1 = \frac{h}{h - h_d} \qquad (Gl.\ 28)$$

$$k_2 = 0{,}381 \cdot \left(\frac{m \cdot \ell_d}{h_d}\right)^{0{,}555} \qquad (Gl.\ 29)$$

$$k_3 = \frac{I_{ges,\ell}}{I_{net,\ell}} = \frac{h^3}{h^3 - h_d^3} \qquad (Gl.\ 30)$$

$$k_4 = 1 + \frac{h_d^2}{4 \cdot b_b^2 \cdot (m-1)} \qquad (Gl.\ 31)$$

$$k_5 = 0{,}791 \cdot \left(\frac{m \cdot \ell_d}{h}\right)^{0{,}494} \qquad (Gl.\ 32)$$

Die Beiwerte k_1 bis k_5 gelten unter folgenden Voraussetzungen:

- Länge des Durchbruchs $\ell_\mathrm{d} \leq h$

- Höhe des Durchbruchs $\ell_\mathrm{d} \leq 0,5 \cdot h$

- Abstand zwischen zwei benachbarten Durchbrüchen $\ell_\mathrm{v} \geq 1,5 \cdot h$

- die Durchbruchränder fallen mit Brettkanten zusammen

Näherungsweise können die Beiwerte auch zur Ermittlung der Schubspannungen verwendet werden, wenn die Durchbruchränder nicht auf Brettkanten liegen im Bereich von Durchbrüchen Bretter der Länge nach aufgetrennt werden.

Die Schubspannungskomponente rechtwinklig zur Trägerachse, die in den Kreuzungsflächen am Rand von Durchbrüchen auftritt, kann wie für verstärkte Durchbrüche in Brettschichtholzträgern nach DIN 1052, Abschnitt 11.4.4 berechnet werden:

$$\tau_{y,DB} = \frac{F_{t,90}}{n_{KF} \cdot a_r \cdot h_r} \tag{Gl. 33}$$

mit

$$F_{t,90} = \frac{V \cdot h_d}{4 \cdot h} \cdot \left(3 - \frac{h_d^2}{h^2}\right) + 0,008 \cdot \frac{M}{h_r}$$

$$a_r = 0,5 \cdot 0,6 \cdot (h + h_d)$$

$$h_r = \min \begin{cases} h_{ro} \\ h_{ru} \end{cases}$$

In (Gl. 33) bedeuten:

$F_{t,90}$ rechtwinklig zur Trägerachse wirkende Zugkraft am Durchbruchrand

a_r wirksame Breite der Querlagen am Durchbruchrand

V Querkraft in der Mitte des Durchbruchs

M Moment in der Mitte des Durchbruchs

h Trägerhöhe

h_d Durchbruchhöhe

h_{ro} Höhe des verbleibenden Querschnitts am oberen Rand des Durchbruchs

h_{ru} Höhe des verbleibenden Querschnitts am unteren Rand des Durchbruchs

Der Nachweis der Schubspannungen in den Kreuzungsflächen kann wie bei Trägern ohne Durchbrüche mit den Bedingungen nach (Gl. 12) geführt werden. Für den Nachweis der Schubspannung im Bruttoquerschnitt (Versagensmechanismus 1) kann die nach (Gl. 7) mit $T = 1,5 \cdot V$ ermittelte Schubspannung mit dem Beiwert k_1 multipliziert werden. Die Schubspannung im Nettoquerschnitt (Versagensmechanismus 2) steht im Gleichgewicht mit den in x-Richtung wirkenden Schubspannungen in den Kreuzungsflächen. Der Maximalwert kann daher durch Multiplikation der nach (Gl. 8) mit $T = 1,5 \cdot V$ ermittelten Schubspannung mit den Beiwerten k_3 bis k_5 berechnet werden.

Aus Versuchen an Brettsperrholzträgern mit Durchbrüchen wurden unter Verwendung der oben angegebenen Gleichungen die in Tab. 3 zusammengestellten Schubfestigkeiten ermittelt. Die Ergebnisse stimmen gut mit der von Blaß und Görlacher [10] ermittelten Torsionsschubfestigkeit und der durch Druckscherversuche an Kleinproben ermittelten Rollschubfestigkeit $f_{R,mean} = 1,6$ N/mm² und $f_{R,k} = 1,1$ N/mm² [11] überein.

Tab. 3   *Experimentell ermittelte Torsions- und Rollschubfestigkeiten in den Kreuzungsflächen von Brettsperrholzträgern mit Durchbrüchen*

$f_{v,tor,mean}$ in N/mm²	$f_{v,tor,k}$ in N/mm²	$f_{R,mean}$ in N/mm²	$f_{R,k}$ in N/mm²
3,62	2,75	1,61	1,22

4   Literatur

[1] DIN 1052:2008-12 - Entwurf, Berechnung und Bemessung von Holzbauwerken – Allgemeine Bemessungsregeln und Bemessungsregeln für den Hochbau

[2] DIN EN 1995-1-1:2008-09 - Eurocode 5: Bemessung und Konstruktion von Holzbauten – Teil 1-1: Allgemeines – Allgemeine Regeln und Regeln für den Hochbau; Deutsche Fassung EN 1995-1-1:2004+A1:2008

[3] Europäisch Technische Zulassung ETA-11/0189 vom 10. Juni 2011. Deutsches Institut für Bautechnik

[4] Europäisch Technische Zulassung ETA-11/0210 vom 20. September 2011. Deutsches Institut für Bautechnik

[5] Jeitler, G.; Brandner, R., (2008): Modellbildung für DUO-, TRIO- und QUATTRO-Querschnitte. In: Modellbildung für Produkte und Konstruktionen aus Holz, Tagungsband zur 7. Grazer Holzbau Fachtagung, S. C-1 - C-9; Verlag der Technischen Universität Graz

[6] Colling F., (1990): Tragfähigkeit von Biegeträgern aus Brettschichtholz in Abhängigkeit von den festigkeitsrelevanten Einflussgrößen. Universität Karlsruhe (TH), Dissertation

[7] Blaß, H. J.; Frese, M.; Glos, P.; Denzler, J.; Linsenmann, P.; Ranta-Maunus, A., (2009): Zuverlässigkeit von Fichten-Brettschichtholz mit modifiziertem Aufbau. Karlsruher Berichte zum Ingenieurholzbau, Universität Karlsruhe (TH), Lehrstuhl für Ingenieurholzbau und Baukonstruktionen

[8] Blaß, H. J.; Fellmoser, P. (2003): Bemessung von Mehrschichtplatten. In: Bauen mit Holz 105 (2003) H. 8 S. 36-39, H. 9 S. 37-39.

[9] Jöbstl, R.-A.; Bogensperger, T.; Schickhofer, G.: In-Plane Shear Strength of Cross Laminated Timber. In: Proceedings CIB-W18, Meeting 41, St. Andrews, Canada 2008, Paper 41-12-3.

[10] Blaß, H. J.; Görlacher, R. (2002): Zum Trag- und Verformungsverhalten von Brettsperrholzelementen bei Beanspruchung in Plattenebene. In: Bauen mit Holz 104, 2002, H. 11 S. 34-41, H. 12 S. 30-34.

[11] Blaß, H. J.; Flaig, M. (2012): Stabförmige Bauteile aus Brettsperrholz. Karlsruher Berichte zum Ingenieurholzbau, Universität Karlsruhe (TH), Lehrstuhl für Ingenieurholzbau und Baukonstruktionen

5 Autor

Dipl.-Ing. (FH) Marcus Flaig

Karlsruher Institut für Technologie (KIT)
Holzbau und Baukonstruktionen
R.-Baumeister-Platz 1
76131 Karlsruhe

Kontakt:
Marcus.Flaig@kit.edu

Punktgestützte Brettsperrholzkonstruktionen - Schubverstärkungen mit Vollgewindeschrauben

Peter Mestek

Zusammenfassung

Im Bereich konzentrierter Lasteinleitungen in Brettsperrholzelemente (BSP), wie sie beispielsweise bei Punktstützungen oder Einzellasten vorliegen, treten lokal hohe Schubbeanspruchungen auf. Als effektive Verstärkungsmaßnahme haben sich dabei diagonal angeordnete selbstbohrende Vollgewindeschrauben erwiesen. Da diese Bauweise weder in DIN 1052 [1] noch über allgemeine bauaufsichtliche Zulassungen des DIBt geregelt ist, wurden im Rahmen eines AiF-Forschungsvorhabens [2] Grundlagen sowie ein Bemessungskonzept für derartige Konstruktionen erarbeitet. Der vorliegende Aufsatz bietet einen Überblick über die erzielten Forschungsergebnisse. Dabei handelt es sich im Wesentlichen um eine Zusammenfassung der zu diesem Thema verfassten Dissertation [3] sowie der zugehörigen Veröffentlichung [4].

1   Einführung

Die Brettsperrholzbauweise ermöglicht die Verwendung flächenhafter, großformatiger Elemente in tragender und aussteifender Funktion. Dabei werden als Decken eingesetzte Brettsperrholzelemente überwiegend linienförmig auf Wänden gelagert und bei der Bemessung wie ein einachsig in Richtung der Decklamellen spannender Plattenstreifen berechnet. Ihr Querschnittsaufbau aus in Haupt- und Nebentragrichtung verlaufenden Brettlagen und die großformatigen Abmessungen mit Element-

Abb. 1   Punktgestützte Decke, Mensa der Universität Bamberg

breiten bis 4,8 m und Längen von bis zu 20 m ermöglichen auch die Ausführung von punktuellen Auflagerkonstruktionen (Abb. 1)

Bezüglich des Tragverhaltens von Brettsperrholz sind die lagenweise wechselnden Materialeigenschaften zu beachten, da sie das Verformungsverhalten und die Tragfähigkeit der Elemente entscheidend beeinflussen. Dies ist auf die Anisotropie des Werkstoffes und die damit verbundenen geringeren Festigkeits- bzw. Steifigkeitswerte quer zur Faserrichtung zurückzuführen. Der Schubmodul quer zur Faser wird als Rollschubmodul G_R bezeichnet und beträgt nur ca. 10 % des Schubmoduls G_{mean} in Faserrichtung. Er bewirkt, dass die Schubverformung fast ausschließlich aus der Verformung der Querlagen resultiert (Abb. 2).

Das hat Auswirkungen sowohl auf die Gesamtverformung als auch auf die Spannungsverteilungen, da besonders unter hohen Schubbeanspruchungen zwischen den Längslagen eine Art nachgiebiger Verbund aufgrund der relativ weichen Schubschichten entsteht. Auch die Festigkeitswerte der Querlagen sind deutlich niedriger als die der parallel zur Tragrichtung verlaufenden Brettlamellen, mit der

Folge, dass Rollschubrisse in den Querlagen zu Schubversagen führen. Im Rahmen der Schubbemessung ist daher in der Regel die Rollschubfestigkeit $f_{R,k}$ maßgebend (Abb. 2).

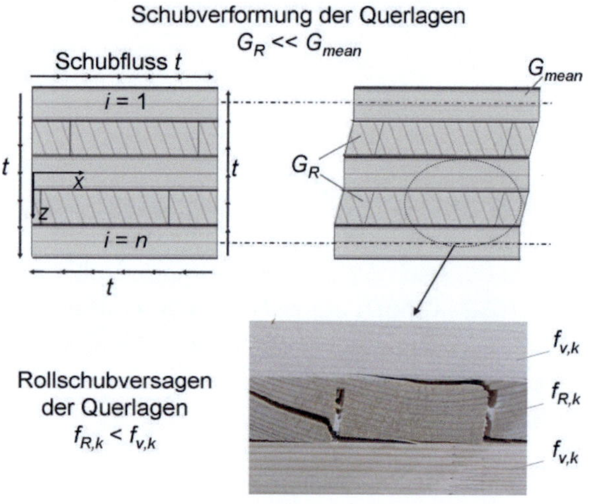

Abb. 2   Schubverformung und Rollschubversagen eines Brettsperrholzelementes

Diese Effekte treten besonders deutlich in Bereichen konzentrierter Lasteinleitungen auf, wie beispielsweise bei Einzellasten oder Punktstützungen, da dort hohe Schubspannungen vorliegen. Erste Versuche im Rahmen von Einzelprojekten zeigten, dass sich die Schubtragfähigkeit durch diagonal angeordnete Vollgewindeschrauben, wie in dargestellt, deutlich verbessern lässt [5]. Die selbstbohrenden Vollgewindeschrauben haben sich im konstruktiven Holzbau als gängiges Verbindungs- bzw. Verstärkungsmittel etabliert und sind in Durchmessern von 4,0 mm bis 12,0 mm und bis zu einer Länge von maximal 1000 mm erhältlich. Die beschriebenen Verstärkungsmaßnahmen sind jedoch weder in den allgemeinen bauaufsichtlichen Zulassungen der Brettsperrholzprodukte noch in der Bemessungsnorm für den Holzbau DIN 1052 [1] enthalten. Um ihre geregelte Anwendung zu ermöglichen, wurden daher im Rahmen eines AiF-Forschungsvorhabens die nachfolgend vorgestellten Grundlagen für die Schubbemessung unter Berücksichtigung von Verstärkungselementen ermittelt.

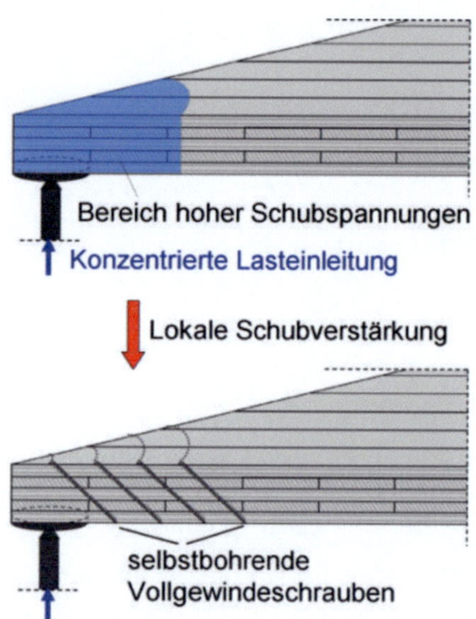

Abb. 3   Schubverstärkungen aus diagonal angeordneten Vollgewindeschrauben im Bereich hoher Schubbeanspruchungen

2   Experimentelle Untersuchungen

Im Rahmen des Forschungsvorhabens wurden verschiedene experimentelle Untersuchungen durchgeführt. Neben einer Reihe von Kleinversuchen, die primär zur Bestimmung von Material- bzw. Systemparameter für begleitende FEM-Simulationen erforderlich waren, wurden die nachfolgend beschriebenen Versuche an Brettsperrholzelementen durchgeführt. Dabei konnten wesentliche Erkenntnisse für das Interaktionsverhalten aus Rollschub- und Querdruckspannungen sowie zum Tragverhalten von schubverstärkten Brettsperrholz gewonnen werden (ausführliche Beschreibungen der Versuche sind in [2] und [3] enthalten).

2.1   Material und Herstellung

Bei den untersuchten Querschnittstypen handelte es sich um siebenlagige Elementaufbauten mit jeweils konstanten Einzelschichtdicken (Abb. 4). Die Gesamtdicke der Elemente betrug 119 mm (7 x 17 mm) bzw. 189 mm (7 x 27 mm). Es lag keine Verklebung an den Schmalseiten vor. Die Brettware zur Herstellung der Rohkörper bestand aus Nadelholz (Fichte) der Sortierklasse S10 (visuelle Sortierung nach DIN

4074-1 [6]). Für die Querlagen wurden Lamellen mit einer Rohdichte zwischen 440 kg/m^3 und 480 kg/m^3 verwendet. Aufgrund der Herstellung im Vakuumverfahren wiesen die Einzelbretter der Prüfreihen „Typ 119" und „Typ 189" Entlastungsnuten auf (Abb. 5).

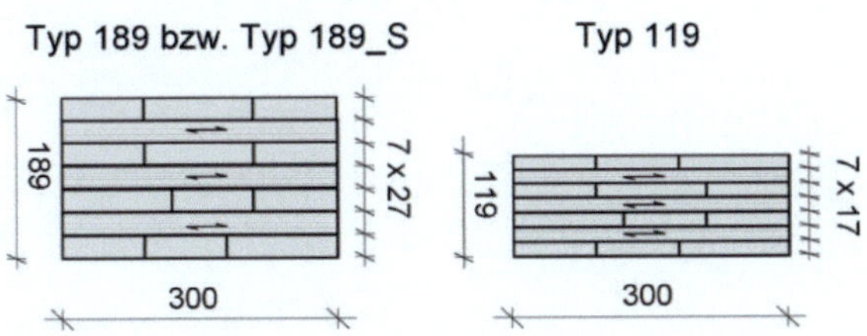

Abb. 4   Geprüfte Querschnittsaufbauten

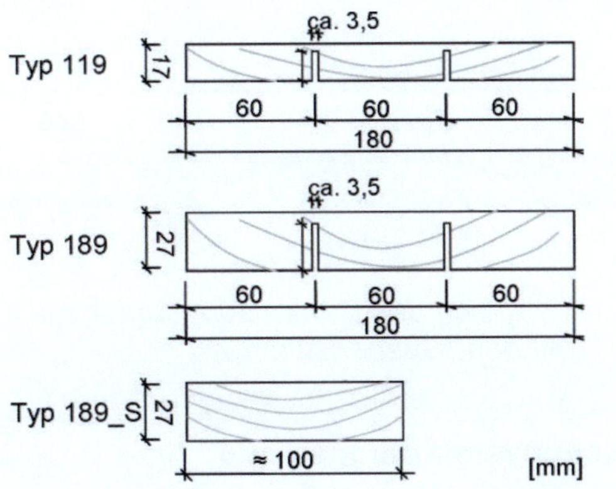

Abb. 5   Abmessungen der Einzelbretter

2.2   Spannungsinteraktion von Rollschub und Querdruck

Zunächst wurden Versuche zum Einfluss der Spannungsinteraktion von Rollschub und Querdruck auf die Rollschubfestigkeit durchgeführt. Dies war erforderlich, da konzentrierte Lasteinleitungen in Brettsperrholzbauteilen zu einer Kombination aus hohen Querdruck- und Schubbeanspruchungen führen (Abb. 6)

Der positive Einfluss von Querdruck auf die Schubfestigkeit in Faserrichtung wurde u. a. von SPENGLER [7] und HEMMER [8] bestätigt. Da für die Interaktion von Rollschub- und Druckspannungen quer zur Faser keine Untersuchungen bekannt waren, wurden im Rahmen eines AiF-Forschungsvorhabens [2] Versuche durchgeführt, um erste Erkenntnisse über eine Steigerung der aufnehmbaren Rollschubbeanspruchung (τ_R) bei gleichzeitigem Querdruck

($\sigma_{c,90}$) zu erhalten. Dabei handelte es sich um Scherversuche an einem um 10° gegen die Vertikale geneigten Schubelement (Abb. 7).

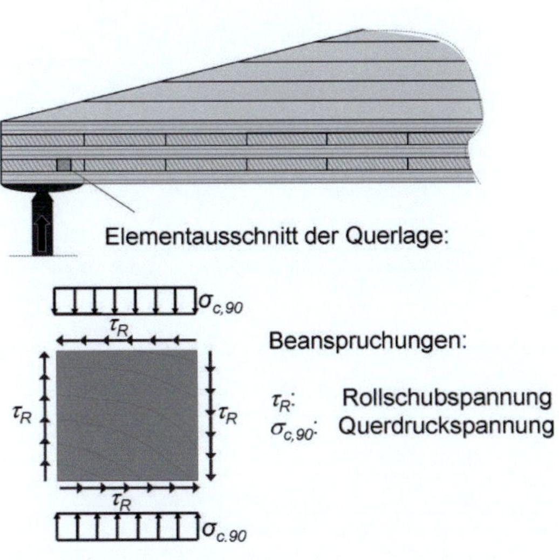

Abb. 6   Spannungsinteraktion aus Rollschub- und Querdruckspannung

Aus dem parallel zur Scherfläche wirkenden Anteil der Scherkraft resultiert in der Mittellage eine Rollschubbeanspruchung senkrecht zur Faser. Zur Ermittlung von Referenzrollschubfestigkeiten wurde eine Versuchsserie je Querschnittstyp ohne externe Vorspannung durchgeführt (Serie i = 0). Das Aufbringen der planmäßigen Querdruckbeanspruchung bei den übrigen Serien geschah anhand einer externen Vorspanneinrichtung. Die Lasteinleitung quer zur Scherfläche erfolgte über Stahlprofile (HEA 100), die durch seitlich an den Prüfkörpern vorbei geführte Gewindestangen sowie entsprechende Kopfplatten gekoppelt waren. Zur Regulierung der Vorspannkraft dienten ein hydraulischer Druckzylinder sowie eine zwischengeschaltete Kraftmessdose. Um die Reibung zu minimieren und damit eine Übertragung der Scherkraft über die Vorspanneinrichtung auszuschließen, waren Teflonplatten zwischen den Stahlprofilen und dem Prüfkörper angeordnet. Die Rohlinge der einzelnen Prüfkörper hatten eine Elementbreite von 300 mm. Je Querschnittstyp wurden fünf Rohlinge parallel zu den Decklagen in jeweils drei Prüfkörper aufgetrennt. Um die Streuung zu minimieren wurde, wie in Abb. 7 gezeigt, von den einzelnen Roh-

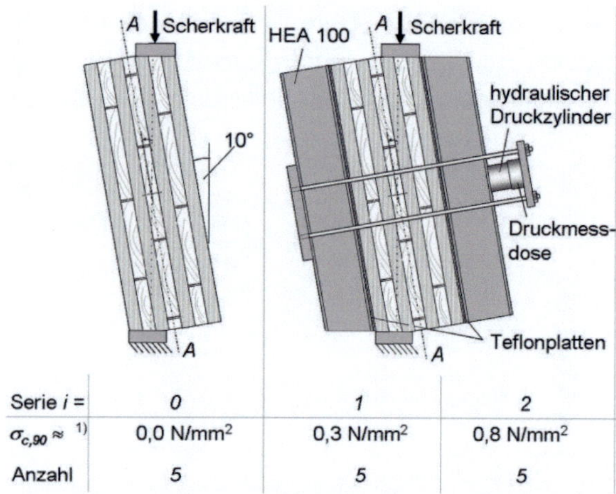

Serie i =	0	1	2
$\sigma_{c,90} \approx$ [1]	0,0 N/mm²	0,3 N/mm²	0,8 N/mm²
Anzahl	5	5	5

[1] Querdruckspannung $\sigma_{c,90}$ wirkt senkrecht zur Scherfläche (Schnitt A-A)

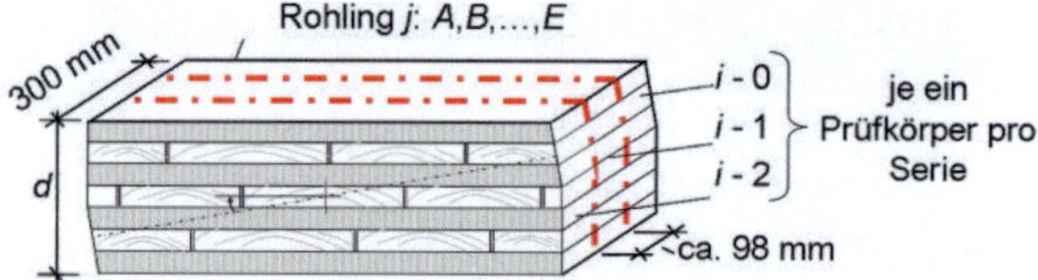

Abb. 7   Prüfeinrichtung und Zusammenstellung der Prüfkörper

lingen jeweils ein Prüfkörper je Prüfserie entnommen. Detaillierte Angaben zu den verwendeten Materialen und Querschnittstypen sind in [3] enthalten.

Der Fokus der Untersuchungen lag nur bedingt auf den ermittelten Festigkeitswerten, sondern primär auf der relativen Änderung der Rollschubfestigkeit in Abhängigkeit vom Querdruck. Als Referenzwert dienten die in den Prüfserien ohne zusätzliche Querdruckbeanspruchung ermittelten Festigkeiten. Um den Einfluss streuender Materialeigenschaften zu reduzieren, erfolgte die Auswertung getrennt für die einzelnen Rohlinge "A" bis "E". Die Veränderung der Rollschubfestigkeit in Bezug zur Referenzfestigkeit lässt sich durch den Beiwert $k_{R,90}$ wie folgt beschreiben:

$$k_{R,90} = \frac{f_{R,i,j}}{f_{R,i=0,j}} \text{ für } i = 1, 2 \text{ und mit } j = A,...,E \quad (1)$$

Das Diagramm in Abb. 8 enthält die anhand der Versuchsergebnisse durchgeführten Auswertungen des Beiwertes $k_{R,90}$ nach Gleichung (1) sowie die zugehörige Regressionskurve. Daraus wurde ein allgemeiner Bemessungsansatz abgeleitet. Es handelt sich um ein Spannungsinteraktionskriterium, das eine maximale Erhö-

hung der Rollschubfestigkeit $f_{R,d}$ von 20 % zulässt. Dies wirkt sich wie folgt auf den Spannungsnachweis aus:

$$\tau_{R,d} \leq k_{R,90} \cdot f_{R,d} \quad (2)$$

$$\text{mit } k_{R,90} = \min\begin{cases} 1 + 0,35 \cdot \sigma_{c,90} \\ 1,20 \end{cases}$$

$$(\sigma_{c,90} \text{ in N/mm}^2) \quad (3)$$

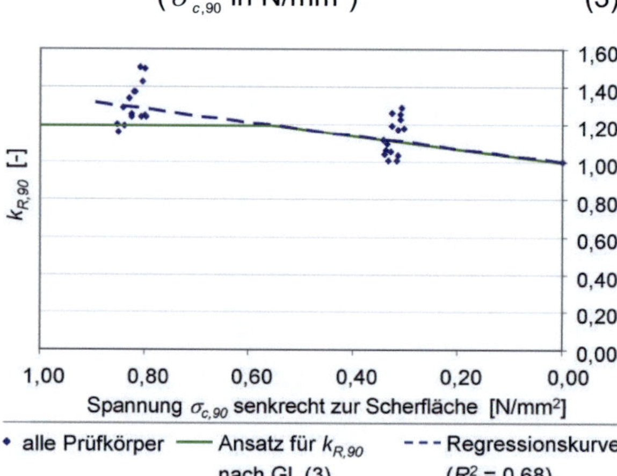

Abb. 8   Vergleich des Bemessungsansatzes mit den Versuchswerten

2.3   Schubverstärkungen aus Vollgewindeschrauben – einachsige Traglastversuche

Zur Untersuchung des Tragverhaltens von mit Vollgewindeschrauben verstärkten Brettsperrholzelementen wurden verschiedene Versuchskonfigurationen eingesetzt. Neben Versuchen an den um 10° gegen die Vertikale geneigten Schubelementen (ausführliche Beschreibung und Auswertung in [2]) wurden in Anlehnung an die CUAP 03.04/06 [9] auch die nachfolgend beschriebenen Vierpunktschubversuche durchgeführt (Abb. 9).

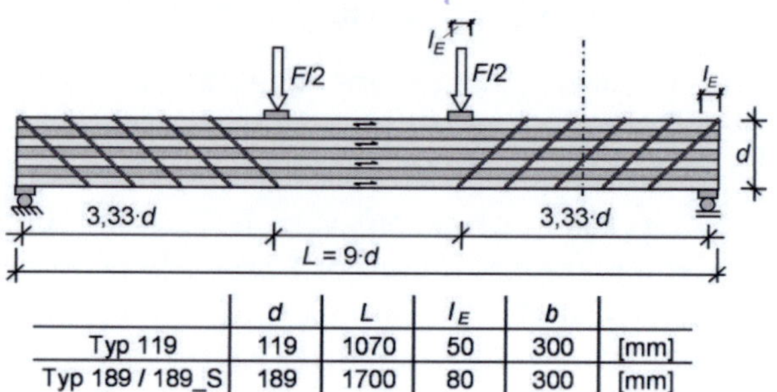

	d	L	l_E	b	
Typ 119	119	1070	50	300	[mm]
Typ 189 / 189_S	189	1700	80	300	[mm]

Abb. 9   Versuchskonfiguration – Vierpunktversuch

Zunächst wurde je Querschnittstyp eine Serie von fünf unverstärkten Prüfkörpern getestet und aus den Prüflasten die Rollschubfestigkeiten ermittelt. Anschließend folgten Versuche an schubverstärkten Brettsperrholzelementen, die mit Vollgewindeschrauben versehen waren (Spax-S [10], Durchmesser $d = 8,0$ mm). Primäres Beurteilungskriterium für die Auswirkungen der selbstbohrenden Vollgewindeschrauben auf das Tragverhalten der Prüfkörper ist der erzielte Verstärkungsgrad $\eta_{mean,i}$. Dieser ergibt sich aus dem Vergleich der Bruchlasten der verstärkten Prüfkörper mit den Bruchlasten der unverstärkten Referenzserie:

$$\eta_{mean,i} = \frac{F_{mean,i}}{F_{mean,0}} \quad \left(= \frac{F_{mean,\,verstärkte\,Prüfkörper}}{F_{mean,\,unverstärkte\,Prüfkörper}} \right) \quad (4)$$

Die Tabellen 1 bis 3 enthalten jeweils für die einzelnen Querschnittstypen eine Zusammenstellung der geprüften Schraubenkonfigurationen und der aus den Versuchswerten bestimmten Verstärkungsgrade $\eta_{mean,i}$. Zur Beurteilung der vorliegenden Streuung der Versuchsergebnisse sind zusätzlich die Variationskoeffizienten (COV) angegeben. Alle Serien bestanden aus je fünf Prüfkörpern.

Die Ergebnisse belegen, dass durch die Anordnung der Schrauben Tragfähigkeitssteigerungen von bis zu ca. 80 % erreicht werden. Besonders bei den Vierpunktversuchen an Balkenelementen zeigte sich, dass durch vergleichsweise wenige Vollgewindeschrauben bereits Laststeigerungen von über 25 % möglich sind. Die Erhöhung der Schraubenanzahl beeinflusst das Schubtragverhalten positiv. Dies führt bei den Balkenelementen dazu, dass sie teilweise nicht mehr auf Rollschub, sondern auf Biegezug versagen.

Tab. 1   Typ 119 – Mittelwerte der Verstärkungsgrade $\eta_{mean,i}$

Anordnung der Vollgewindeschrauben [mm]	Typ	$\eta_{mean,i}$ [-]	COV [-]
90 / 45°	119-1	**1,25**	0,03
135 / 150 / 45°	119-2	**1,30**	0,09

Tab. 2   Typ 189 – Mittelwerte der Verstärkungsgrade $\eta_{mean,i}$

Anordnung der Vollgewindeschrauben [mm]	Typ	$\eta_{mean,i}$ [-]	COV [-]
100 / 45°	189-1	**1,31**	0,05
200 / 150 / 45°	189-2	**1,38**	0,06
100 / 150 / 45°	189-3	**1,64**	0,08
100 / 150 / 30°	189-4	**1,59**	0,04

Tab. 3   Typ 189_S – Mittelwerte der Verstärkungsgrade $\eta_{mean,}$

Anordnung der Vollgewindeschrauben [mm]	Typ	$\eta_{mean,i}$ [-]	COV [-]
200 / 150 / 45°	189_S-2	**1,34**	0,02
100 / 150 / 45°	189_S-3	**1,46***	0,10*

*teilweise Biegeversagen

2.4   Schubverstärkungen aus Vollgewindeschrauben – zweiachsige Traglastversuche

Um erste Erfahrungen mit Schubverstärkungen aus Vollgewindeschrauben unter zweiachsiger Lastabtragung zu gewinnen, wurden Versuche an Plattenelementen durchgeführt. Ihre Ergebnisse ermöglichen eine Überprüfung, inwieweit die gewonnen Erkenntnisse auch für eine räumlichen Tragwirkung gelten. Es kamen die in Abb. 10 dargestellten Versuchsanordnungen einer umfanggelagerten Platte unter zentrischer Einzellast bzw. ein in den Eckbereichen punktuell gestütztes Brettsperrholzelement zur Anwendung. Detaillierte Beschreibungen zu den Versuchsaufbauten und hier nicht näher dargestellten Messeinrichtungen sind in [3] zu finden.

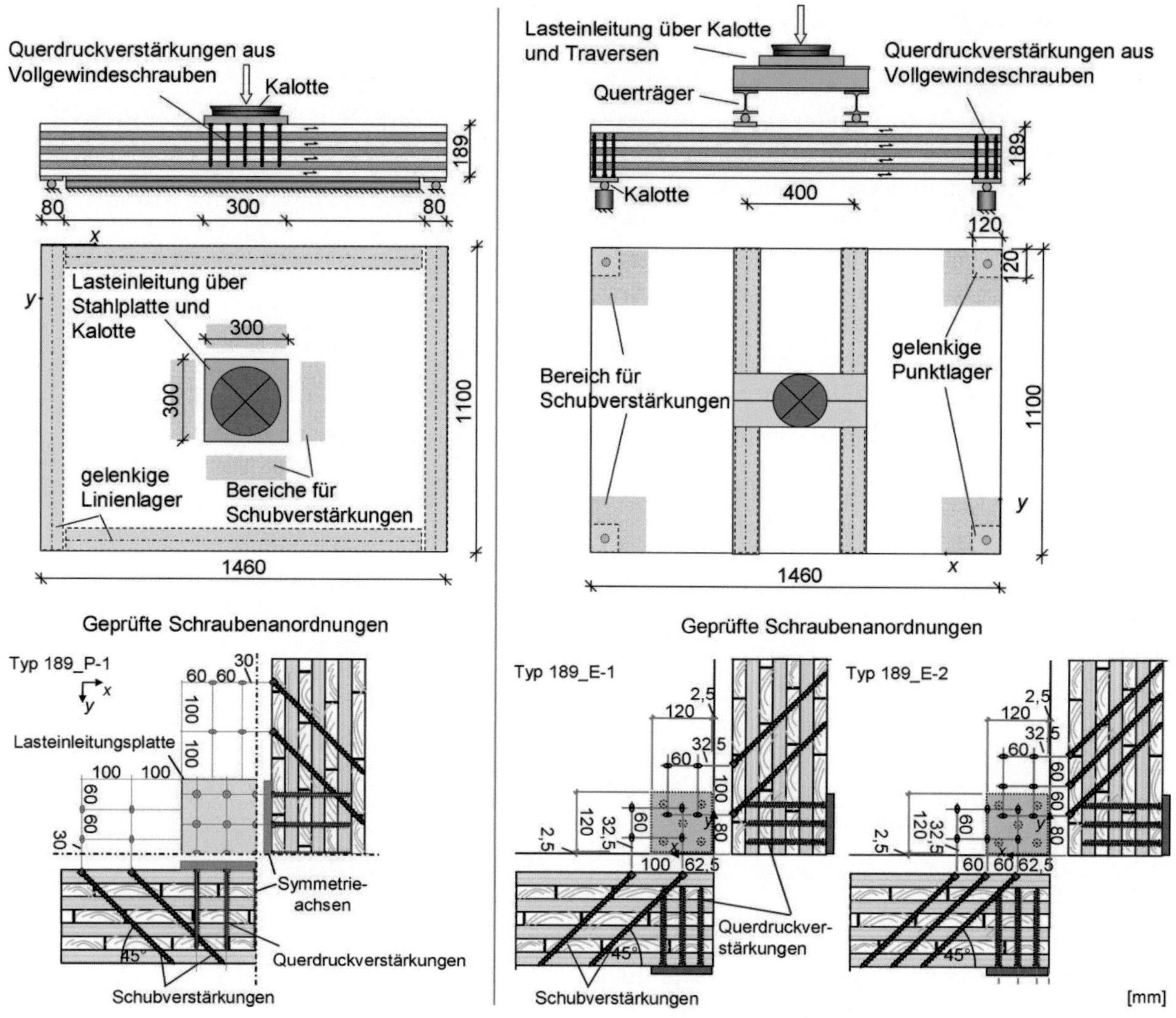

Abb. 10   Punktstützung im Eckbereich – geometrische Zusammenhänge

Aufgrund der im Vorversuch festgestellten Einpressungen im Lasteinleitungsbereich (Abb. 11) wurden unter der Lasteinleitungsplatte bzw. den Auflagerplatten senkrecht zur Elementebene Vollgewindeschrauben als Querdruckverstärkung angeordnet. Die Schraubenköpfe bildeten einen bündigen Abschluss mit der Oberfläche der Prüfkörper. Nähere Informationen zu diesen Verstärkungen sind in [11] enthalten.

Zunächst wurde jeweils eine unverstärkte Serie getestet, um Referenzwerte für die Tragfähigkeiten zu erhalten. Anschließend folgten die Prüfserien mit den in Abb. 10 dargestellten Schubverstärkungen.

Abb. 11   Lokales Querdruckversagen im Lasteinleitungsbereich

Die Serie „Typ 189_E-2" bestand aus zwei, alle anderen Serien aus drei Prüfkörpern. In Tab. 4 sind die analog zu den Balkenversuchen nach Gleichung (1) aus den Bruchlasten ermittelten Verstärkungsgrade aufgeführt. In Abhängigkeit von den Schraubenanordnungen wurden Tragfähigkeitssteigerungen von 26 % bis 49 % erzielt.

Tab. 4   Mittelwerte der Bruchlasten und Verstärkungsgrade $\eta_{mean,i}$

Belastungstyp	Zentrische Punktlast Typ 189_P-i		Punktstützung im Eckbereich Typ 189_E-i		
Serie i =	0 (unverstärkt)	1 (verstärkt)	0 (unverstärkt)	1 (verstärkt)	2 (verstärkt)
Mittlere Bruchlasten $F_{mean,i}$ [kN]	381,1	479,4	304,9	409,7	455,6
COV [-]	0,05	0,02	0,04	0,05	0,01
Verstärkungsgrad $\eta_{mean,i}$ [-]	-	1,26	-	1,34	1,49

Im Gegensatz zu Balkenversuchen kann hier wegen der zweiachsigen Lastabtragung die Rollschubfestigkeit nicht auf analytischem Weg aus der maximalen Prüflast bestimmt werden. Zur Beurteilung der zum Versagenszeitpunkt vorliegenden Rollschubspannungen waren daher Simulationsberechnungen nötig. Diese erfolgten mithilfe des Programms Ansys [12] unter Berücksichtigung der Symmetriebedingungen an einem Volumenmodell (Abb. 12). Die anhand der Simulationsmodelle aus den Bruchlasten der unverstärkten Elemente ermittelten Rollschubspannungen liegen bei beiden Versuchskonfigurationen um bis zu 70 % über den Festigkeitswerten, die durch einachsige Balkenversuche bestimmt wurden. Weiterführende Untersuchungen zeigten, dass dies nicht allein auf die Spannungsinteraktion zurückzuführen ist. Folglich ist davon auszugehen, dass bei zweiachsiger Lastabtragung zusätzliche Effekte wie Spannungsumlagerungen und Verdübelungswirkungen durch die weniger schubbeanspruchten Bereiche aktiviert werden und so zu den vergleichsweise hohen Festigkeitswerten führen.

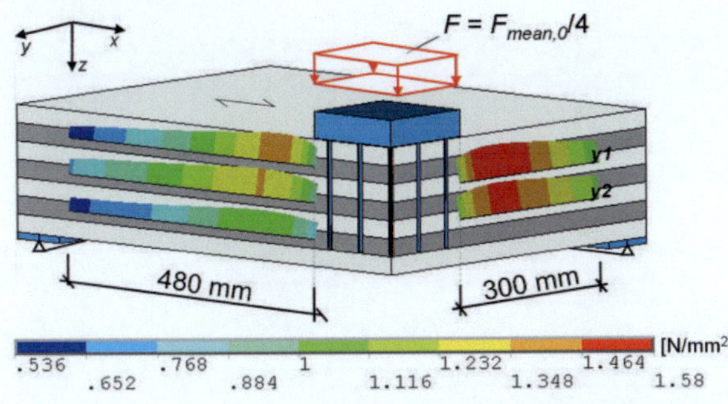

Abb. 12   Verteilung der Rollschubspannungen für den „Typ 189_P-0" (ohne Schubverstärkungen)

3   Schnittgrößen und Spannungen

Im Gegensatz zu linear gelagerten Plattenelementen existieren derzeit für punktgestützte Brettsperrholzkonstruktionen bzw. durch Einzellasten beanspruchte Plattenelemente keine Berechnungshilfen oder -tabellen, die eine schnelle Vorbemessung ermöglichen. Für die Berechnung der maßgebenden Schubspannungen muss zunächst die Verteilung der Querkräfte in Haupt- und Nebentragrichtung ermittelt werden. Daher wurden anhand einer Parameterstudie unterschiedliche Aspekte und Einflussfaktoren auf die Querkraftverteilung untersucht und daraus Vorschläge für die Abschätzung der Querkraftverteilung abgeleitet.

Um Spannungsspitzen infolge der konzentrierten Lasteinleitungen zu vermeiden und den Rechenaufwand gering zu halten, wurden im Rahmen der Parameterstudie Vergleichsrechnungen an Trägerrostsystemen durchgeführt. Die Ermittlung der erforderlichen Steifigkeitswerte erfolgte gemäß Anhang D.3 der DIN 1052 [1] für Brettsperrholz aus Lamellen der Festigkeitsklasse C 24.

Es wurden verschiedene Einflussgrößen auf die Verteilung der Querkräfte für den in Abb. 13 dargestellten Querschnittsaufbau untersucht. Nachfolgend sind diese Parameter und deren betrachtete Grenzbereiche aufgeführt:

- Elementdicke d: 0,10 m < d < 0,22 m
- Spannweitenverhältnis l/b:1 < l/b < 3
- Anzahl der Lagen n: 5 < n < 11

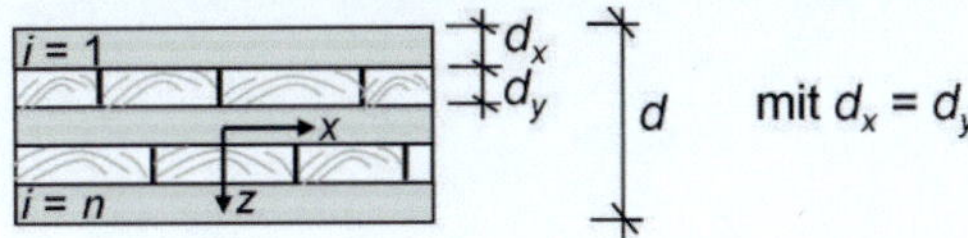

Abb. 13   Querschnittsaufbau

Folgende Systeme wurden untersucht:

- Zentrische Punktstützung bzw. Einzellast
- Punktstützung im Eckbereich

Die Untersuchungen zeigten, dass die Verteilung der Querkräfte in Haupt- und Nebentragrichtung primär von der Anzahl n der vorhandenen Schichten abhängt. Andere Einflüsse, wie die Elementdicke und die Spannweiten, können vernachlässigt werden. Die Querkraft V_{xz} am Schnittufer in Haupttragrichtung kann wie folgt ermittelt werden:

- Zentrische Punktstützung bzw. Einzellast

$$V_{xz} \approx 0,33 \cdot n^{-0,1} \cdot F_k \qquad \text{(Abb. 14)} \qquad \text{(5)}$$

- Punktstützung im Eckbereich

$$V_{xz} \approx 0,67 \cdot n^{-0,1} \cdot F_k \qquad \text{(Abb. 15)} \qquad \text{(6)}$$

Die Querkraft in Nebentragrichtung ergibt sich aus dem Gleichgewicht der vertikalen Kräfte. Angaben für Querschnitte mit unterschiedlichen Einzelschichtdicken in Haupt- und Nebentragrichtung sind in [2] enthalten.

Die Berechnung der Schubspannungen entlang der Lasteinleitungsränder liegt deutlich auf der sicheren Seite, liefert jedoch unwirtschaftliche Ergebnisse. Daher wurden verschiedene Ansätze hinsichtlich der Lastausbreitung anhand von FEM-Berechnungen mit Volumenmodellen untersucht [3]. Es zeigte sich, dass für die hier beschriebenen Systeme und Randbedingungen eine Lastausbreitung von 35° bis zur Schwerachse der Elemente angenommen werden kann. Die maßgebenden Rollschubspannungen lassen sich anhand der in Abb. 14 und Abb. 15

dargestellten mitwirkenden Breiten berechnen.

Während bei der zentrischen Punktstützung bzw. der Einzellast entlang der Lasteinleitungsränder relativ konstante Spannungsverteilungen vorliegen, kommt es bei der Punktstützung im Eckbereich zu einer Zunahme der Rollschubspannungen zur Außenkante hin (Abb. 16). Die Ergebnisse der Parameterstudie zeigen, dass mit steigendem Verhältnis von Auflagerbreite zur Elementdicke die Zunahme ausgeprägter ist.

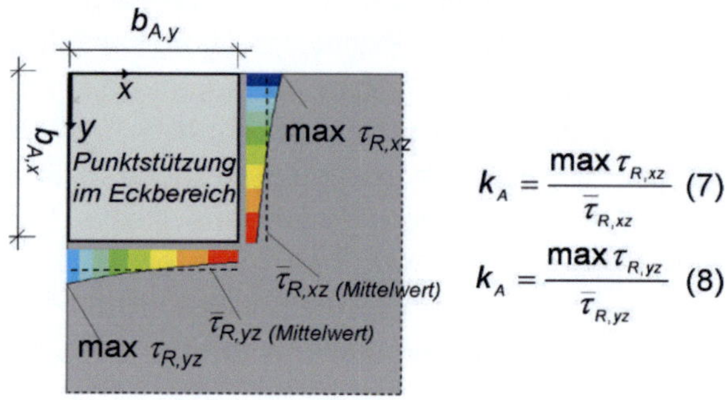

$$k_A = \frac{\max \tau_{R,xz}}{\overline{\tau}_{R,xz}} \qquad (7)$$

$$k_A = \frac{\max \tau_{R,yz}}{\overline{\tau}_{R,yz}} \qquad (8)$$

Abb. 16 Rollschubspannung entlang der Auflagerränder

Da bei der Untersuchung der mitwirkenden Breiten von einer konstanten Schubspannungsverteilung entlang des Auflagerrandes ausgegangen wurde, war es erforderlich einen Beiwert k_A zu ermitteln, der den veränderlichen Schubspannungsverlauf bei Punktstützungen

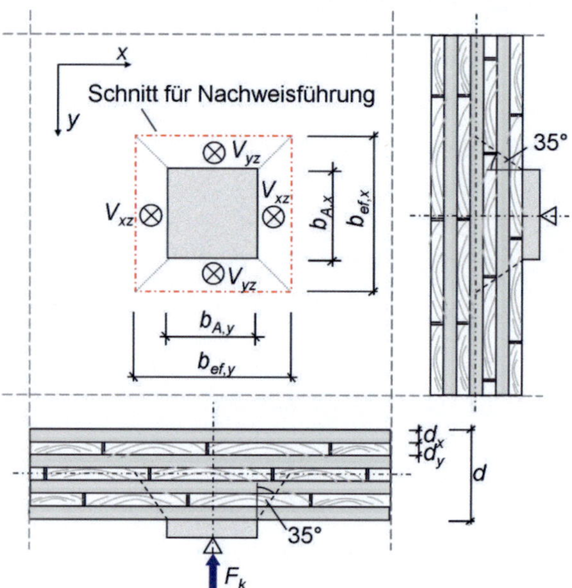

Abb. 14 Punktstützung / zentrische Einzellast - Ermittlung der mitwirkenden Breiten $b_{ef,x}$ und $b_{ef,y}$

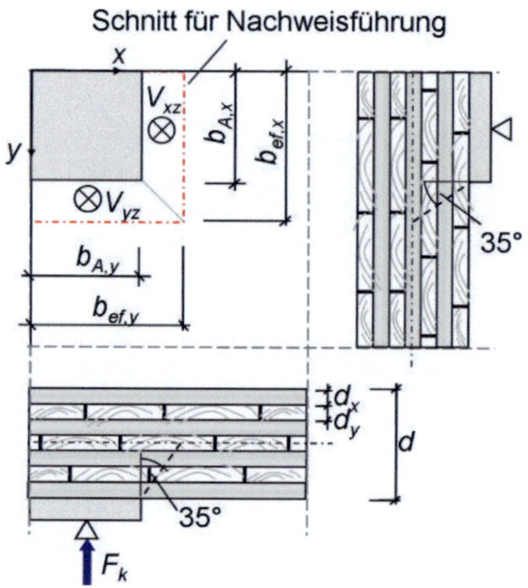

Abb. 15 Punktstützung im Eckbereich - Ermittlung der mitwirkenden Breiten $b_{ef,x}$ und $b_{ef,y}$

im Eckbereich berücksichtigt. Unter Einbeziehung der aufgeführten Untersuchungsergebnisse lassen sich die für die Bemessung maßgebenden Rollschubspannungen wie folgt berechnen:

$$\tau_{R,xz} = \frac{V_{xz} / b_{ef,x}}{k_{R,x} \cdot (d_x + d_y)} \cdot k_A \qquad (9)$$

$$\tau_{R,yz} = \frac{V_{yz} / b_{ef,y}}{k_{R,y} \cdot (d_x + d_y)} \cdot k_A \qquad (10)$$

Die Gleichungen (9) und (10) gelten analog für Balkenelemente unter einachsiger Lastabtragung. In diesem Fall entspricht die mitwirkende Breite $b_{ef,x}$ der Balkenbreite b und für den Beiwert k_A ist $k_A = 1{,}0$ zu verwenden.

Tab. 5   Beiwerte $k_{R,x}$ und $k_{R,y}$ [-]

Anzahl der Schichten n	5	7	9	11
$k_{R,x}$	2,00	2,50	3,33	3,89
$k_{R,y}$	1,00	2,00	2,50	3,33

Tab. 6   Beiwert k_A [-]

Verhältnis $b_{A,x}$/d bzw. $b_{A,y}$/d		≤1,0	≤1,5	≤2,0
Punktstützung im Eckbereich	$k_A=$	1,35	1,50	1,65
Zentr. Punktstützung bzw. Einzellast	$k_A=$		1,00	

Anmerkung: In den Gleichungen (9) und (10) wird von einer Unterscheidung der Querkräfte nach Ebene A und B gemäß dem Verfahren der Schubanalogie abgesehen, da diese Vereinfachung auch bei der Ermittlung der mitwirkenden Breiten angenommen wurde.

4   Bemessungskonzept

Die in [2] und [3] beschriebenen FEM-Modellierungen basierend auf Scheiben- bzw. Volumenelementen sind primär für wissenschaftliche Betrachtungen bzw. zur Untersuchung spezieller Konstruktionsdetails geeignet. Allerdings sind sie vergleichsweise aufwendig

sowie aufgrund der vielen Eingabeparameter fehleranfällig und daher nur bedingt für die praktische Umsetzung bei der Bemessung geeignet. Als allgemeines Bemessungskonzept bietet sich daher das Fachwerkmodell an, welches das Tragverhalten des Verbundquerschnittes aus Brettsperrholz und Vollgewindeschrauben stark abstrahiert beschreibt und somit auch wesentlich weniger Eingangsparameter benötigt.

Um die Verifizierung durch die experimentellen Untersuchungen zu gewährleisten und gleichzeitig ein möglichst anwenderfreundliches Bemessungskonzept zu erhalten, wurden folgende Randbedingungen bzw. Anwendungsgrenzen definiert:

- Symmetrischer Querschnittsaufbau
- Neigung der Vollgewindeschrauben von 45°
- Schraubenanordnungen nach Abb. 17

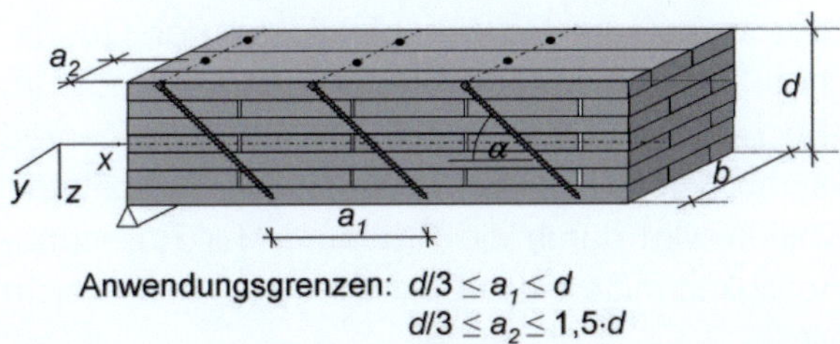

Anwendungsgrenzen: $d/3 \leq a_1 \leq d$
$d/3 \leq a_2 \leq 1{,}5 \cdot d$
$\alpha = 45°$

Abb. 17 Anordnung der Vollgewindeschrauben

4.1   Einachsige Lastabtragung

Gemäß diesem Bemessungskonzept besteht die Schubtragfähigkeit eines verstärkten Brettsperrholzelementes aus der Rollschubfestigkeit der Querlage und der anteiligen Schubtragfähigkeit der Schrauben. Die Annahme ihrer gleichzeitigen Tragwirkung ist gerechtfertigt, da aus den Untersuchungen hervorgeht, dass trotz der relativ geringen Schubverformungen des Brettsperrholzquerschnittes in den Schrauben Zugkräfte aktiviert werden. Zur Ermittlung der anteiligen Tragfähigkeit der Schubverstärkung dient das in Abb. 18 dargestellte Stab- bzw. Fachwerkmodell. Parallel zur Scherfläche wirkende Kräfte werden von den Schrauben übertragen, die durch die diagonal angeordneten Fachwerkstäbe symbolisiert sind. Da es sich um ein reines Schubmodell handelt, werden

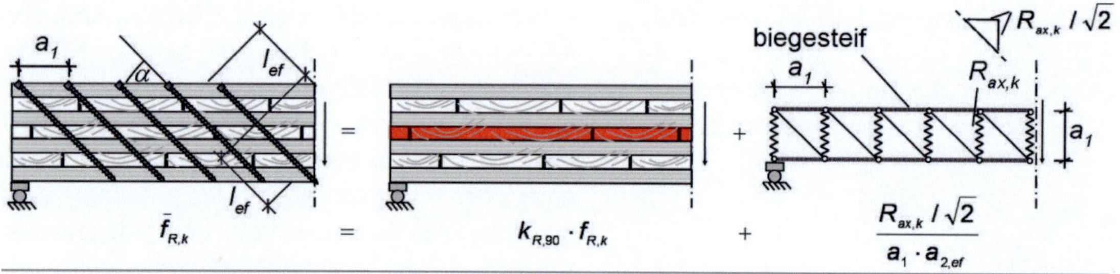

$\bar{f}_R$	charakt. Tragfähigkeit des verstärkten Querschnitts unter Rollschubbeanspruchung	[N/mm²]
$f_{R,k}$	charakt. Rollschubfestigkeit (nach abZ)	[N/mm²]
$R_{ax,k}$	charakt. Tragfähigkeit einer Schraube in Schraubenlängsrichtung	[N]
a_1	Schraubenabstand parallel zur betrachteten Tragrichtung	[mm]
$a_{2,ef}$	effektiver Schraubenabstand senkrecht zur betrachteten Tragrichtung	[mm]
l_{ef}	effektive Einbindelänge zur Ermittlung der Schraubentragfähigkeit $R_{ax,k}$	[mm]
$k_{R,90}$	Beiwert zur Berücksichtigung des Interaktionsverhaltens	[-]

Abb. 18   Fachwerkmodell – Bemessungskonzept für schubverstärkte Brettsperrholzelemente

vereinfacht starre Gurte angenommen und somit der Einfluss der Biegung vernachlässigt. Zusätzlich erzeugen die auf Zug beanspruchten Schrauben Querdruckspannungen, die sich positiv auf die Rollschubfestigkeit der Querlagen auswirken. Deren Übertragung ist im Fachwerkmodell anhand von Federelementen symbolisiert. Der Einfluss der Spannungsinteraktion wird durch die Erhöhung der Rollschubfestigkeit mittels des Beiwertes $k_{R,90}$ berücksichtigt.

Die Schubtragfähigkeit der Schrauben ist im Wesentlichen abhängig von deren Herausziehwiderstand. Allerdings liegen derzeit für den charakteristischen Herausziehwiderstand von Vollgewindeschrauben in Brettsperrholzbauteilen bei einem Neigungswinkel von 45° keine allgemein gültigen Bemessungsgleichungen vor. Wie die Betrachtungen zeigen, kann in Anlehnung an die Untersuchungen von BLAß & UIBEL [13] der charakteristische Herausziehwiderstand $R_{ax,k}$ näherungsweise wie folgt bestimmt werden:

$$R_{ax,k} = \min\begin{cases} 24{,}8 \cdot d^{0,8} \cdot \ell_{ef}^{0,9} \\ R_{t,u,k} \end{cases} \quad \text{[N]} \quad (11)$$

d — Schraubendurchmesser in mm

l_{ef} — effekt. Einbindelänge der Schrauben in mm

$R_{t,u,k}$ — charakt. Zugtragfähigkeit (nach abZ)

Die effektive Einbindelänge l_{ef} der Vollgewindeschraube ist abhängig von der Lage der zu bemessenden Schicht und nach Gleichung (12) zu berechnen. Sie ergibt sich aus der minimalen Verankerungslänge der Schraube, ausgehend von der Schwerachse der maßgebenden Querlage. Exemplarisch gelten die in Abb. 19 dargestellten Zusammenhänge.

$$l_{ef} = \min\begin{cases} l_1 \\ l_2 \end{cases} \quad (12)$$

Abb. 19   Ermittlung der effektiven Einbindelänge l_{ef}

Die resultierende Spannung senkrecht zur Faser berechnet sich aus dem vertikal zur Scherfläche wirkenden Anteil der Schraubenkraft und unter Einbeziehung der Verbindungsmittelabstände:

$$\sigma_{c,90} = \frac{R_{ax,k} / \sqrt{2}}{a_1 \cdot a_{2,ef}} \quad (13)$$

$$\text{mit:} \quad a_{2,ef} = \max\begin{cases} a_2 \\ b / n_\perp \end{cases} \quad (14)$$

Der effektive Schraubenabstand $a_{2,ef}$ ergibt sich aus dem Minimum des tatsächlichen Abstandes a_2 und dem Quotienten aus der Elementbreite b und der Anzahl $n_\perp$ der vorhandenen Schraubenreihen senkrecht zur betrachteten Tragrichtung. Zur Berücksichtigung des Interaktionsverhaltens ist der zuvor beschriebene Ansatz für den Beiwert $k_{R,90}$ anzuwenden:

$$k_{R,90} = \min\begin{cases} 1+0,35 \cdot \sigma_{c,90} \\ 1,20 \end{cases} \text{[-]} \qquad (15)$$

mit $\sigma_{c,90}$ in N/mm^2

Die charakteristische Tragfähigkeit eines verstärkten Brettsperrholzquerschnittes unter Rollschubbeanspruchung setzt sich damit wie folgt zusammen:

$$\bar{f}_{R,k} = k_{R,90} \cdot f_{R,k} + \frac{R_{ax,k} / \sqrt{2}}{a_1 \cdot a_{2,ef}} \qquad (16)$$

Der Schubspannungsnachweis für schubverstärkte Brettsperrholzelemente lautet somit:

$$\tau_{R,d} \leq k_{mod} \cdot \frac{\bar{f}_{R,k}}{\gamma_M} \qquad (17)$$

4.2 Zweiachsige Lastabtragung

Im Bereich von punktuellen Auflagern bzw. Einzellasten liegen aufgrund der konzentrierten Lasteinleitung selbst bei unverstärkten Brettsperrholzelementen hohe Querdruckspannungen vor. Daher empfiehlt es sich, bereits bei der Schubbemessung ohne Schubverstärkungen den positiven Einfluss der Querdruckspannungen auf die Rollschubfestigkeit zu berücksichtigen. Zur Berechnung des Querdrucks wird auf die mitwirkenden Breiten zurückgegriffen, die sich aus der Lastausbreitung unter einem Winkel von 35° bis zur Schwerachse der Elemente ergeben.

$$\sigma_{c,90} = \frac{F_k}{b_{ef,x} \cdot b_{ef,y}} \qquad (18)$$

mit:

F_k: charakt. Einzellast bzw. Auflagerkraft

$b_{ef,x}$: mitwirkende Breite (Abb. 20 / Abb. 21)

$b_{ef,y}$: mitwirkende Breite (Abb. 20 / Abb. 21)

Das Interaktionsverhalten ist anhand des Beiwertes $k_{R,90}$ nach Gl. (15) zu berücksichtigen. Die für die Bemessung maßgebende Rollschubspannung $\tau_{R,d}$ kann unter Verwendung geeigneter Berechnungsprogramme bestimmt oder anhand des zuvor beschriebenen vereinfachten Verfahrens abgeschätzt werden. Der

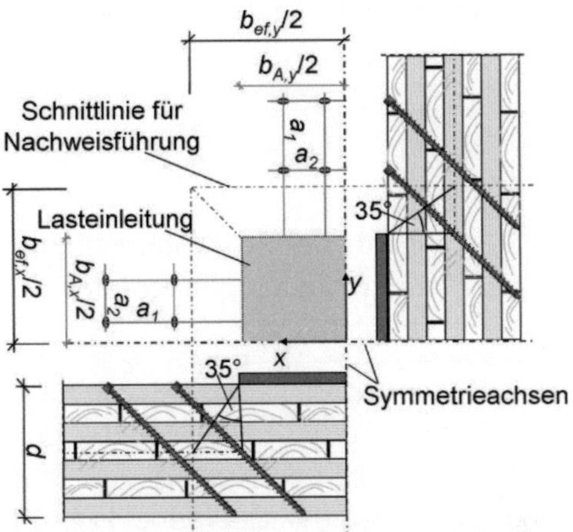

Abb. 20 Zentrische Punktstützung / Einzellast – geometrische Zusammenhänge

Nachweis der Rollschubspannung lautet:

$$\tau_{R,d} \leq k_{mod} \cdot \frac{k_{R,90} \cdot f_{R,k}}{\gamma_M} \qquad (19)$$

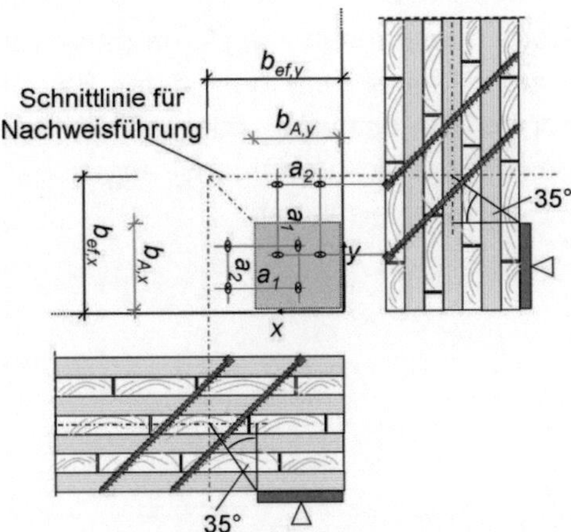

Abb. 21 Punktstützung im Eckbereich – geometrische Zusammenhänge

Grundsätzlich basiert auch das Bemessungskonzept für Schubverstärkungen bei Punktstützungen oder im Bereich von Einzellasten auf dem zuvor abgeleiteten kombinierten Fachwerkmodell. Allerdings liegt im Gegensatz zu den Balkenelementen keine definierte Breite vor. Daher ist anstelle der Balkenbreite b für die Ermittlung des effektiven Abstandes $a_{2,ef}$ der Schraubenreihen senkrecht zur jeweils betrachteten Tragrichtung die mitwirkende Breite $b_{ef,x}$ zu verwenden. Für den effektiven Abstand $a_{2,ef}$ der Schraubenreihen in Haupttragrichtung gilt folglich:

$$a_{2,ef} = \max \begin{cases} a_2 \\ b_{ef,x} / n_\perp \end{cases} \tag{20}$$

mit: $n_\perp$:   Anzahl der Schraubenreihen senkrecht zur betrachteten Tragrichtung

Neben den Spannungen senkrecht zur Faser, die aus der konzentrierten Lasteinleitung resultieren, kommt zusätzlich der vertikal zur Scherfläche wirkende Anteil der Schraubenkraft hinzu. Daher beträgt der Querdruck zur Berücksichtigung des Interaktionsverhaltens:

$$\sigma_{c,90} = \frac{F_k}{b_{ef,x} \cdot b_{ef,y}} + \frac{R_{ax,k} / \sqrt{2}}{a_1 \cdot a_{2,ef}} \tag{21}$$

Im Rahmen der Nachweisführung ist die am unverstärkten Brettsperrholzelement ermittelte Rollschubspannung mit der Tragfähigkeit des Fachwerkmodells zu vergleichen. Die maßgebende Rollschubspannung $\tau_{R,d}$ kann dabei wiederum unter Verwendung geeigneter Berechnungsprogramme bestimmt oder anhand des zuvor beschriebenen Verfahrens abgeschätzt werden. Der Nachweis lautet:

$$\tau_{R,d} \leq k_{mod} \cdot \frac{\bar{f}_{R,k}}{\gamma_M} \tag{22}$$

mit: $\bar{f}_{R,k} = k_{R,90} \cdot f_{R,k} + \dfrac{R_{ax,k} / \sqrt{2}}{a_1 \cdot a_{2,ef}} \tag{23}$

5 Verifizierung des Bemessungskonzeptes

Zur Verifizierung des Bemessungskonzeptes enthalten die Diagramme in Abb. 22 die nach dem Bemessungskonzept abgeleiteten maximalen charakteristischen Tragfähigkeiten sowie die in den Versuchen an Balken- und Plattenelementen ermittelten Einzelwerte der Prüflasten, deren Mittelwerte und 5%-Quantilwerte. Für die Versuche an den Plattenelementen ergibt sich aus dem Bemessungskonzept eine Tragfähigkeit je Tragrichtung (Haupttragrichtung verläuft parallel zu den Brettern der Decklagen). Die Spannungen wurden dabei anhand des in Kapitel 3 beschriebenen vereinfachten Verfahrens ermittelt.

Die Diagramme belegen, dass das beschriebene Bemessungskonzept einen konservativen Ansatz für die Schubbemessung verstärkter Brettsperrholzelemente darstellt. Der Abstand zwischen den Bemessungslasten und den Versuchsergebnissen bleibt in etwa konstant. Daraus lässt sich ableiten, dass die Tragfähigkeitssteigerung durch das vorgeschlagene Bemessungskonzept erfasst wird. Allerdings wird vor allem unter zweiachsiger Lastabtragung das Ausgangsniveau, also die Bemessungsfestigkeit der unverstärkten Serien, deutlich unterschätzt. Das deckt sich mit den Erkenntnissen der FEM-Simulationen. Auch diese lieferten für die Bruchlasten der Referenzserien Rollschubspannungen, die deutlich über den an einachsigen Versuchen ermittelten Rollschubfestigkeiten lagen.

6 Zusammenfassung

Die in diesem Beitrag vorgestellten Ergebnisse ermöglichen die Schubbemessung von Brettsperrholz bei konzentrierter Lasteinleitung und die Anwendung punktueller Schubverstärkungen aus Vollgewindeschrauben.

Selbst bei unverstärkten Elementen liegen in Bereichen von Punktstützungen oder Einzellasten Spannungsinteraktionen aus Querdruck- und Rollschubbeanspruchungen vor. Anhand von experimentellen Untersuchungen konnte der positive Effekt der Interaktion auf die Rollschubfestigkeit belegt und ein Bemessungsansatz abgeleitet werden.

Treten aufgrund konzentrierter Lasten lokale Überschreitungen der Schubtragfähigkeit von Brettsperrholzelementen auf, so stellt das Einbringen von selbstbohrenden Vollgewindeschrauben eine einfach durchführbare, effiziente Verstärkungsmaßnahme dar. Sie ermöglicht eine wirtschaftliche Querschnittsbemessung von Brettsperrholzkonstruktionen, da sie gezielt in den lokal höchst beanspruchten Bereichen eingesetzt werden kann und somit die Schubtragfähigkeit an der maßgebenden Stelle erhöht wird. Während sich für wissenschaftliche Betrachtungen bzw. zur Untersuchung spezieller Konstruktionsdetails FEM-Modelle anbieten, wurde für Standardfälle ein vereinfachtes Bemessungskonzept basierend auf einem Fachwerkmodell entwickelt. Es berücksichtigt sowohl die Schubtragfähigkeit der Schrauben als auch den Einfluss der erwähnten Spannungsinteraktion auf die Rollschubfestigkeit.

Die Untersuchungsergebnisse zeigen, dass unter zweiachsiger Lastabtragung zusätzliche Tragreserven aktiviert und somit höhere Rollschubfestigkeitswerte erzielt werden als unter einachsiger Beanspruchung. Aus wirtschaftlichen Gründen sollte daher überprüft werden, inwieweit das redundante Tragverhalten bei der Schubbemessung berücksichtigt werden kann, beispielsweise durch erhöhte Rollschubfestigkeitswerte unter zweiachsiger Lastabtragung.

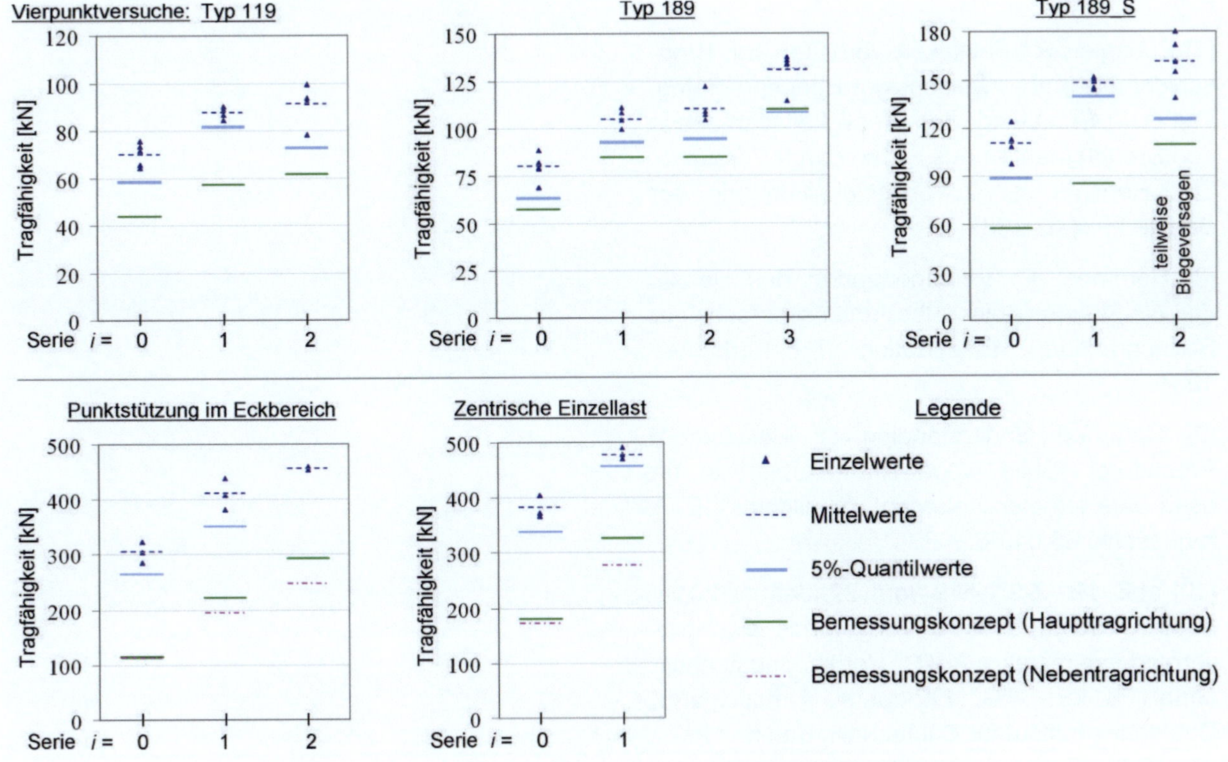

Abb. 22   Vergleich des Bemessungskonzeptes mit den Versuchsergebnissen

7   Literatur

[1] DIN 1052:2008-12: Entwurf, Berechnung und Bemessung von Holzbauwerken. Allgemeine Bemessungsregeln und Bemessungsregeln für den Hochbau.

[2] Mestek, P.; Winter, S.: Konzentrierte Lasteinleitung in Brettsperrholzkonstruktionen - Verstärkungsmaßnahmen. Schlussbericht zum AiF-Forschungsvorhaben Nr. 15892, TU München, 2011.

[3] Mestek, P.: Punktgestützte Flächentragwerke aus Brettsperrholz (BSP) - Schubbemessung unter Berücksichtigung von Schubverstärkungen. Dissertation, TU München, 2011.

[4] Mestek, P.: Punktstützung von Brettsperrholzkonstruktionen – Schubverstärkungen mit Vollgewindeschrauben. Bauingenieur, Band 86, Springer VDI Verlag, 12/2011.

[5] Colling, F.; Bedö, S.: Prüfbericht Nr.: H06-01/1-ZE-PB; Kompetenzzentrum Konstruktiver Ingenieurbau, Abteilung Holzbau, Fachhochschule Augsburg, unveröffentlicht.

[6] DIN 4074-1:2008-12: Sortierung von Holz nach der Tragfähigkeit – Teil 1: Nadelschnittholz.

[7] Spengler, R.: Festigkeitsverhalten von Brettschichtholz unter zweiachsiger Beanspruchung, Teil 1 - Ermittlung des Festigkeitsverhaltens von Brettelementen aus Fichte durch Versuche. LKI, Berichte zur Zuverlässigkeitstheorie der Bauwerke H.62/1982.

[8] Hemmer, K.: Versagensarten des Holzes der Weißtanne (Abies Alba) unter mehrachsiger Beanspruchung. Dissertation, TH Karlsruhe, 1984.

[9] Common Understanding of Assessment Procedure: "Solid wood slab element to be used as a structural element in buildings"; ETA request No 03.04/06.

[10] abZ. Nr. Z-9.1-519 vom 27. Januar 2012; SPAX-S Schrauben mit Vollgewinde als Holzverbindungsmittel; ABC Verbindungstechnik GmbH & Co. KG, Ennepetal, Deutschland; Deutsches Institut für Bautechnik, Berlin.

[11] Bejtka, I.: Verstärkungen von Bauteilen aus Holz mit Vollgewindeschrauben. Dissertation erschienen in: Karlsruher Berichte zum Ingenieurholzbau 2, Universitätsverlag Karlsruhe, 2005.

[12] ANSYS, Finite Element Program, Release 12.0.

[13] Blaß, H.J.; Uibel, T.: Bemessungsvorschläge für Verbindungsmittel in Brettsperrholz. Bauen mit Holz, Heft 2, 2009.

8   Autor

Dr.-Ing. Peter Mestek

Sailer Stepan und Partner GmbH

Beratende Ingenieure für Bauwesen VBI

Ingolstädter Straße 20, 80807 München

Kontakt:
peter.mestek@ssp-muc.de

Neue Anwendungsmöglichkeiten für Vollgewindeschrauben im Ingenieurholzbau

Henning Ernst

Zusammenfassung

Das Verbinden von Bauteilen gehört zu den Hauptaufgaben bei der Tragwerksplanung im Holzbau. Noch immer kommen hierzu meist stiftförmige Verbindungsmittel, die auf Abscheren beansprucht werden zum Einsatz. Eine genauere Betrachtung der Vollgewindeschrauben zeigt, dass diese hierbei z. T. wesentlich effektiver eingesetzt werden können als andere Verbindungsmittel.

Durch die schräge Anordnung von Vollgewindeschrauben in Verbindungen kann deren Tragfähigkeit und damit deren Effizienz noch einmal zusätzlich um bis zu 300% gesteigert werden.

Der Einsatz von Vollgewindeschrauben in Stahl-Holz-Verbindungen erforderte bislang eine aufwändige Bearbeitung der Stahlteile. Hierzu gibt es nun ergänzende Produkte, die eine einfache Umsetzung bei sehr hoher Tragfähigkeit ermöglichen. Durch die Kombination der Vollgewindeschrauben mit diesen Elementen lassen sich Verbindungen wie biegesteife Stöße entwickeln und für jede Belastungssituation standardisieren.

1 Verbindungsmittel und Verbindungselemente

1.1 Selbstbohrende Schrauben als leistungsfähige „Stabdübel"

Die Wahl des Verbindungsmittels, das zum Zusammenfügen zweier oder mehrerer Bauteile Verwendung finden soll, hängt von verschiedenen Parametern ab:

- Anforderungen an die Widerstandsfähigkeit der Verbindung aufgrund von Witterungseinflüssen
- Montageanforderungen
- Erforderliche Tragfähigkeit
- Geometrische Gegebenheiten

Am häufigsten fällt dabei die Wahl auf die Scherverbindung. Hierbei werden stiftförmige Verbindungsmittel meist unter 90° zur Faserrichtung angeordnet.

Für eine einschnittige Stahl-Holz-Verbindung wird nach [1] die rechnerische Tragfähigkeit, anhand der folgenden Gleichung bestimmt ($t_{Stahl} \geq d$):

$$F_{v,Rk} = \min \begin{cases} f_{h,1,k} \cdot t_1 \cdot d \\ f_{h,1,k} \cdot t_1 \cdot d \cdot \left[\sqrt{2 + \dfrac{4 \cdot M_{y,Rk}}{f_{h,1,k} \cdot t_1^2 \cdot d}} - 1 \right] + \dfrac{F_{ax,Rk}}{4} \\ 2{,}3 \cdot \sqrt{M_{y,Rk} \cdot f_{h,1,k} \cdot d} + \dfrac{F_{ax,Rk}}{4} \end{cases}$$

Meist wird hierbei die dritte Gleichung maßgebend. Diese setzt sich aus der reinen lateralen Tragfähigkeit (nach Johansen) und dem Einhängeeffekt zusammen. Der Einhängeeffekt resultiert aus der Reibung, welche bei der Beanspruchung der Verbindung zwischen den beiden Bauteilen entsteht. Dieser Einhängeeffekt kommt jedoch nur dann zum Tragen, wenn das verwendete Verbindungmittel auch axiale Lasten aufnehmen kann. Somit entfällt dieser Anteilbei einer Verbindung mit Stabdübeln. Generell ist dieser zusätzliche Anteil aus dem Einhängeeffekt zu beschränken. Mit der folgenden Schreibweise der obigen Gleichungen soll in Verbindung mit Tabelle 1 die Bedeutung des Einhängeeffektes für die Schertragfähigkeit verdeutlicht werden.

$$F_{v,Rk} = min \begin{cases} f_{h,1,k} \cdot t_1 \cdot d \\ f_{h,1,k} \cdot t_1 \cdot d \cdot \left[\sqrt{2 + \dfrac{4 \cdot M_{y,Rk}}{f_{h,1,k} \cdot t_1^2 \cdot d}} - 1 \right] + \Delta F_{v,Rk} \\ 2{,}3 \cdot \sqrt{M_{y,Rk} \cdot f_{h,1,k} \cdot d} + \Delta F_{v,Rk} \end{cases}$$

$$\Delta F_{v,Rk} = min \begin{cases} \dfrac{F_{ax,Rk}}{4} \\ f_{Rope} \cdot F_{lat,Rk} \end{cases}$$

$$F_{lat,Rk} = min \begin{cases} f_{h,1,k} \cdot t_1 \cdot d \\ f_{h,1,k} \cdot t_1 \cdot d \cdot \left[\sqrt{2 + \dfrac{4 \cdot M_{y,Rk}}{f_{h,1,k} \cdot t_1^2 \cdot d}} - 1 \right] \\ 2{,}3 \cdot \sqrt{M_{y,Rk} \cdot f_{h,1,k} \cdot d} \end{cases}$$

Tab 1   Faktor zur Berücksichtigung des Einhängeeffektes

Verbindungsmittel	f_{Rope}
runde (glattschaft) Nägel	0,15
Nägel mit annähernd quadrat. Querschnitt	0,25
Andere Nägel (Sondernägel)	0,50
Schrauben	1,00
Bolzen	0,25
Stabdübel	0,00

Die Werte der Tabelle 1 zeigen, dass bei der Verwendung von Schrauben der Einhängeeffekt zu einer Verdopplung der reinen lateralen Tragfähigkeit führen kann. Dieser Effekt wirkt sich besonders bei Schrauben mit großen Gewindelängen (Vollgewindeschrauben) aus.

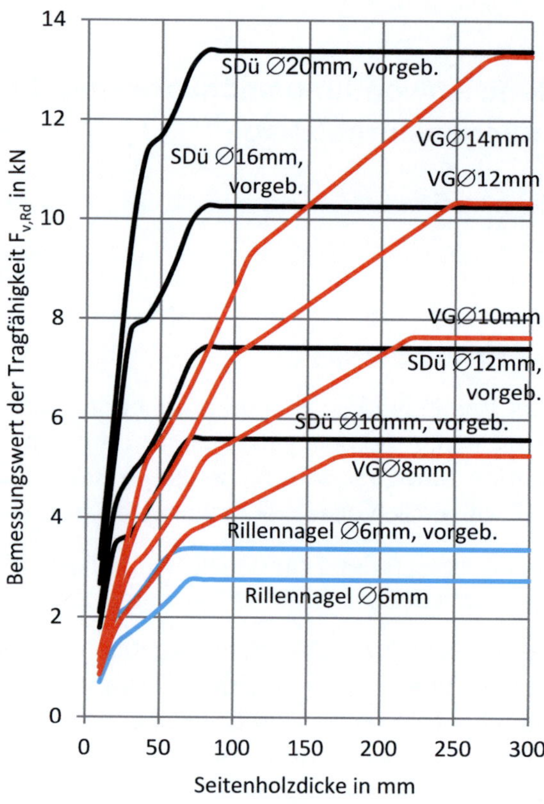

Abb.1   Tragfähigkeitsvergleich verschiedener Verbindungsmittel unter Berücksichtigung des Einhängeeffektes

Die in Abb. 1 dargestellten Tragfähigkeiten der Vollgewindeschrauben ergeben sich, wenn die Schrauben ohne vorheriges vorbohren eingedreht werden. Stabdübel müssen im Gegensatz hierzu immer vorgebohrt werden. Auch für die Rillennägel ergeben sich nur mit vorgebohrten Löchern wirtschaftliche Ergebnisse bzgl. Tragfähigkeit und Schraubenabstand.

Der Vergleich zeigt, dass mit Vollgewindeschrauben die ohne vorheriges Vorbohren eingebracht werden eine um mindestens 25% höhere Tragfähigkeit erreicht wird, als mit einem Stabdübel des vergleichbaren Durchmessers. Werden zudem die Löcher der Schrauben auf Kerndurchmesser im Holz vorgebohrt, resultiert daraus eine zusätzliche Laststeigerung von 35%.

Da ein solcher, auf Abscheren beanspruchter Anschluss, immer aus einer Gruppe von Verbindungsmittel besteht, muss bei einem Vergleich der Tragfähigkeiten der einzelnen Verbindungsmittel der jeweilige Gruppeneffekt mit berücksichtigt und in Ansatz gebracht werden. Dabei muss zwischen den Verbindungsmitteln unterschieden werden. Nägel und Schrauben werden in Abhängigkeit vom Abstand in Faserrichtung pauschal mit einem Abminderungsfaktor belegt. Bei Stabdübel nimmt der Anteil der tatsächlich anrechenbaren Anzahl mit wachsender Anzahl an Stabdübel in Faserrichtung ab. Die effektive Tragfähigkeit je Verbindungsmittel ist in Abb. 2 für einen 12 cm breiten Anschluss exemplarisch dargestellt.

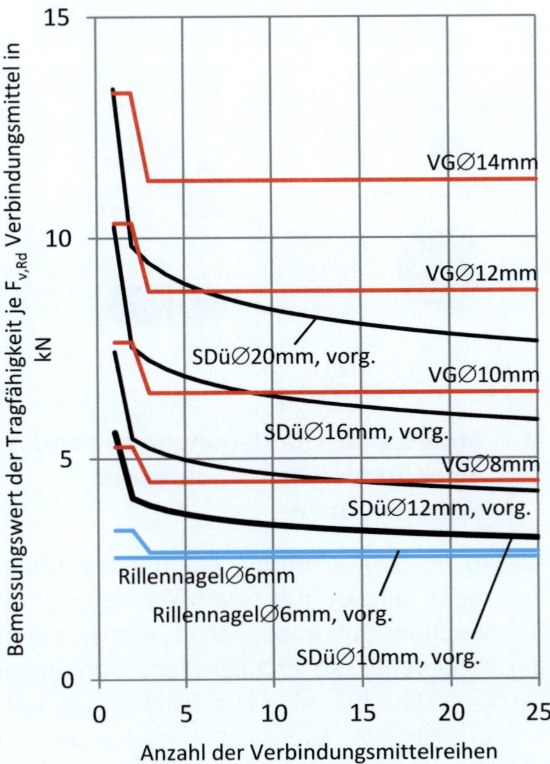

Abb.2   Vergleich der Tragfähigkeiten je Verbindungsmittel bei mehreren in Faserrichtung hintereinander liegenden Verbindungsmittelreihen (Nägel und Schrauben versetzt angeordnet)

Der Vergleich zeigt, dass auch unter Berücksichtigung des Gruppeneffektes die Tragfähigkeit der Vollgewindeschrauben ca. 100% höher ist, als die eines vergleichbaren Stabdübels.

1.2 Schräg eingedrehte Vollgewindeschrauben

Bei der Konstruktion von Verbindungen mit Vollgewindeschrauben gilt es zunächst zu entscheiden, ob die Schrauben planmäßig lateral oder axial beansprucht werden sollen. Wie im Kapitel zuvor dargestellt, besitzen Vollgewindeschrauben eine hohe Tragfähigkeit wenn sie auf Abscheren beansprucht werden. Ein noch größeres Potential bietet die Vollgewindeschraube, wenn diese axial beansprucht wird.

Erfolgt in einer Scherverbindungen die Anordnung der Schrauben schräg, in einem möglichst flachen Winkel zur Kraftrichtung, so wird die Kraft in zwei resultierende Lastkomponenten aufgeteilt. Ein Anteil wirkt in Achsrichtung der Schraube und beansprucht diese auf Zug oder Druck. Die dazu korrespondierende Kraft wird entweder über Kontakt zwischen Stahl und Holz übertragen, oder es werden zusätzliche Schrauben hierfür angeordnet.

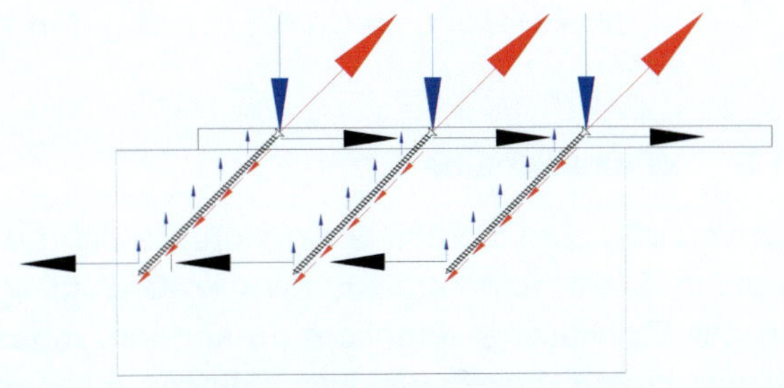

Abb.3   Schraubenanordnung bei Zugscherverbindungen

In Abb. 4 erfolgt der Vergleich zwischen den Bemessungswerten der Tragfähigkeiten (KLED=kurz) von auf Abscheren beanspruchten Schrauben, und von auf Zugscheren beanspruchten Schrauben.

Die Grafik zeigt, dass durch die schräge Anordnung der Schrauben, bei gleicher Bauteilgeometrie, die Tragfähigkeit je Verbindungsmittel auf 200-300% gesteigert werden kann.

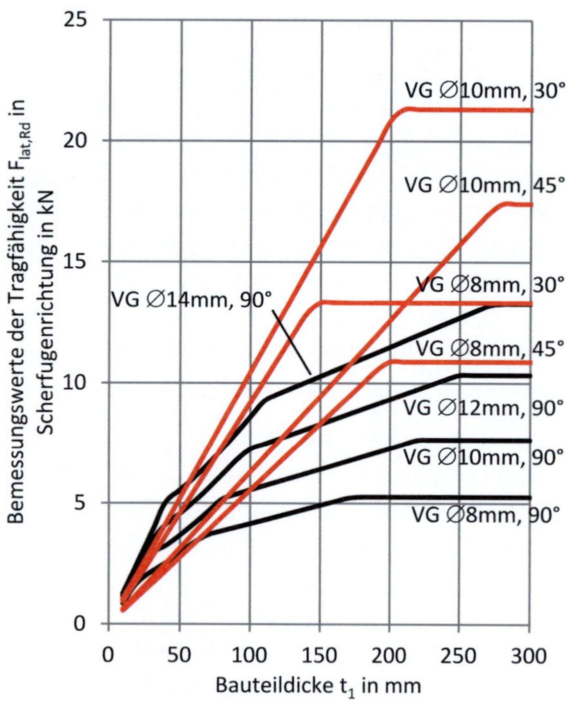

Abb.4   Tragfähigkeitsvergleich von Scher- und Zugscherverbindungen (KLED=kurz, NKL 1+2, ρ_k=350 kg/m³)

1.3   Winkelscheibe

Um schräg zur Oberfläche eingedrehte Schrauben in Stahl-Holz-Verbindungen kraftschlüssig in der Stahllasche verankern zu können, muss diese hierfür bearbeitet sein. Hierzu müssen entsprechend schräge Bohrungen angeordnet werden. Diese Löcher müssen so ausgebildet sein, dass sich der Kopf der Schraube vollflächig in das dafür vorbereitete Loch einbettet. Diese Bearbeitung der Stahlteile führt zu einer relativ großen Querschnittschwächung und erfordert in Abhängigkeit von der Kopfgeometrie und dem Einschraubwinkel Materialdicken von 15 mm und mehr.

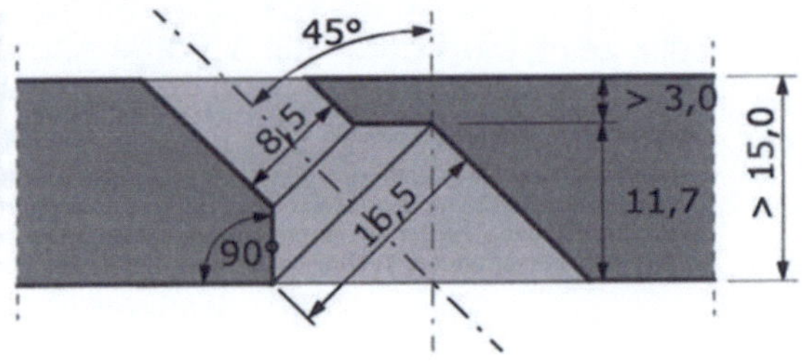

Abb.5   Ausarbeitung der Stahloberfläche zur Aufnahme des Schraubenkopfes [7]

Eine Vereinfachung hierzu stellt die Winkelscheibe dar. Diese wird je nach gewählter Variante in ein entsprechendes Rund- oder Langloch eingelegt. Die Schrauben werden während des Einschraubvorganges unter 45° zur Oberfläche geführt. Somit dient die Winkelscheibe gleichzeitig als Einschraubhilfe. Die maximal überbrückbaren Blechdicken können je nach Durchmesser der verwendeten Schraube und der gewählten Winkelscheibe von 2 mm bis 24 mm variieren. Die Querschnittsschwächung im Stahl reduziert sich durch den Einsatz der Winkelscheibe um ca. 25%. Alternativ können die Querschnittsabmessungen entsprechend kleiner gewählt werden.

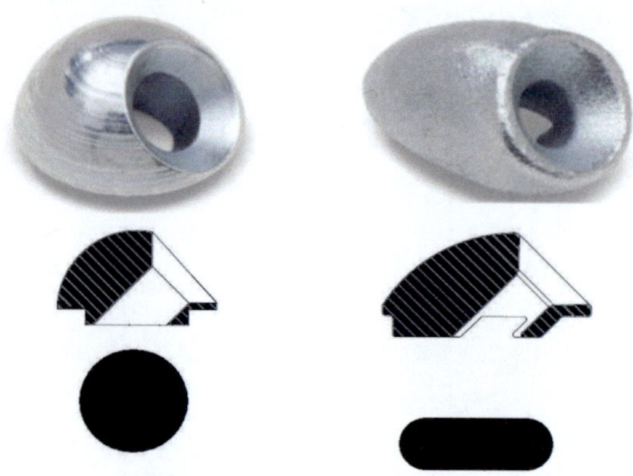

Abb. 6   Winkelscheibe

1.4   Ergänzende Überlegungen zu schräg eingedrehten selbstbohrenden Holzschrauben

Werden die Schrauben einer Schraubengruppe zueinander parallel, mit einem Winkel ungleich 90° zwischen Schraubenachse und Kraftrichtung angeordnet, so erzeugt diese Schrägstellung der Schrauben eine Umlenkkraft (vgl. Abb. 3). Bei Winkeln kleiner 90° zwischen den Schraubenachsen und der Kraftrichtung erfahren die Schrauben Zug und die Bauteile werden durch die Umlenkkraft aneinander gepresst.

Winkel größer 90° zwischen Schraubenachsen und Kraftrichtung führen zu axialen Druckkräften in den Schrauben. Unter Verwendung von Vollgewindeschrauben können bei Holz-Holz-Verbindungen diese Druckkräfte jeweils über die Gewindeabschnitte in die Hölzer eingeleitet werden. Die resultierenden Umlenkkräfte drücken die Bauteile auseinander.

Um bei Stahl-Holz-Verbindungen axiale Druckkräfte aus den Schrauben in die Stahlteile einleiten zu können, ist kopfseitig ein Sperrmechanismus erforderlich, der das Herausdrücken der Schraube verhindert.

1.5 ZD-Platte

Bei der ZD-Platte handelt es sich um ein zweiteiliges Verbindungselement mit europäisch technischer Zulassung (ETA-11/0470), das in Kombination mit Vollgewindeschrauben zur Befestigung von Stahl an Holz dient. Die ZD-Platte ist auf die geringen Rand- und Achsabstände der Würth ASSY VG plus Vollgewindeschrauben (ETA-11/0190) optimiert.

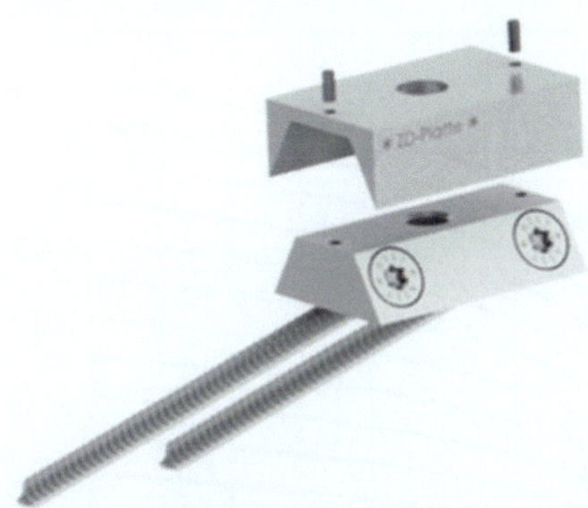

Abb.7   ZD-Platte

Die ZD-Platte besteht aus einer trapezförmigen Grundplatte und einem zugehörigen Deckel. Die Grundplatte hat Bohrungen zur Aufnahme von vier Würth ASSY VG Vollgewindeschrauben $\varnothing 10$ mm. Nach dem Einbringen der Vollgewindeschrauben wird der Deckel aufgesetzt und mit einer metrischen Schraube M16(10.9) mit der Grundplatte und den angrenzenden Stahlteilen verschraubt.

Der Deckel verhindert ein Herausschieben druckbeanspruchter Vollgewindeschrauben.

Funktionsweise der ZD-Platte

Der Lasteintrag aus den Stahlteilen in die ZD-Platte erfolgt über die metrische Schraube M16(10.9). Die ZD-Platte leitet die Lasten über die Vollgewindeschrauben in das Holz ein.

Bei der ZD-Platte wirken jeweils zwei Schraubenpaare (Schraubenkreuze) zusammen. Ein Schraubenpaar besteht aus zwei sich kreuzenden Schrauben, wobei immer jeweils eine

Schraube auf Zug und eine auf Druck beansprucht wird.

Die Übertragung der Lasten erfolgt in zwei Phasen:

Phase 1: Im lastfreien Zustand besteht zwischen dem Kopf der Druckschraube und dem Deckel der ZD-Platte ein Abstand von ca. 1 mm. Die Druckschraube wird erst nach einer minimalen Vorverformung aktiviert. Der Lastanteil $F_{ZD,1}$ erzeugt den Zugkraftanteil $F_{t,ax,1}$ in den Zugschrauben. Die resultierende Kraft $F_{c,90}$ aus der Lastumlenkung wirkt in Richtung der Holzoberfläche und erzeugt somit einen Anpressdruck.

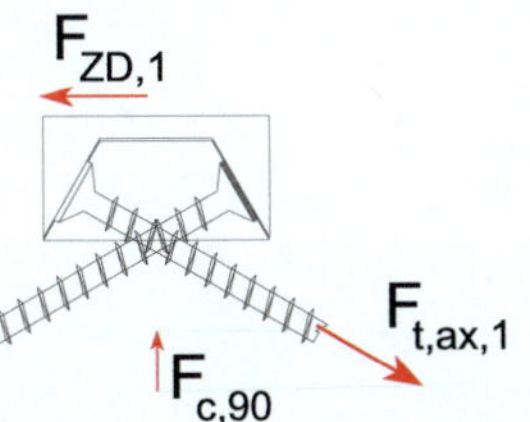

Abb.8   Phase 1 der Wirkungsweise der ZD-Platte

Phase 2: Der Spalt zwischen dem Kopf der Druckschraube und dem Deckel der ZD-Platte ist geschlossen. Die Druckschraube liegt an. Der Lastanteil $F_{ZD,2}$ erzeugt den Zugkraftanteil $F_{t,ax,2}$ in den Zugschrauben und den Druckkraftanteil $F_{c,ax}$ in den Druckschrauben. Die aus den Zugschrauben resultierende Umlenkkraft wirkt der aus den Druckschrauben resultierenden Umlenkkraft entgegen.

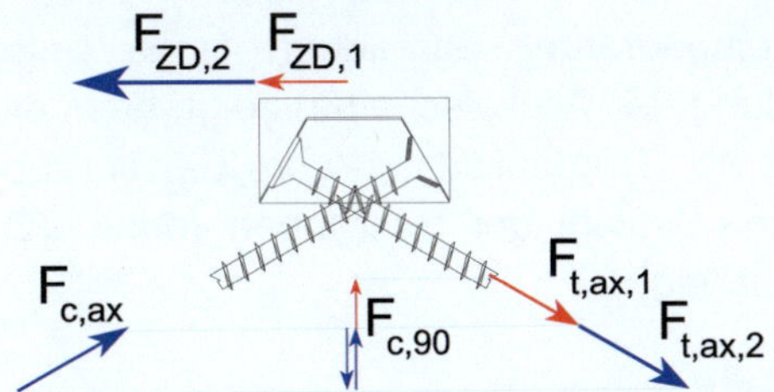

Abb.9   Phase 2 der Wirkungsweise der ZD-Platte

Eine Lastumkehr (Wechsel der Vorzeichen bei den Schnittkräften) hat auf die Tragfähigkeit der ZD-Platten keine Auswirkung. Je ZD-Platte wirken immer zwei Druck- und zwei Zugschrauben gemeinsam.

Werden ZD-Platten entsprechend den Vorgaben der ETA-11/0470 angeordnet und dimensioniert ergeben sich je ZD-Platte (in Abhängigkeit von der Schraubenlänge und Tragfähigkeit) eine Tragfähigkeit parallel zur Plattenebene von $F_{ZD,Rk}$ = 96 kN. Je Anschluss müssen immer mindestens zwei ZD-Platten angeordnet werden.

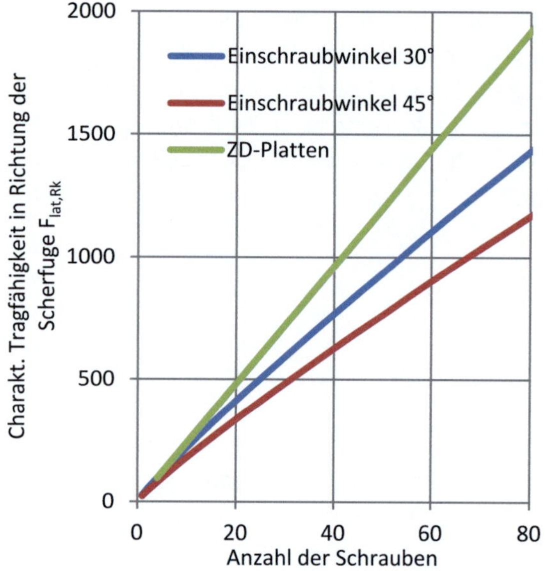

Abb.10   Tragfähigkeiten $F_{lat,Rk}$ in Richtung der Scherfuge von ZD-Platten und von Verbindungen mit gleicher Anzahl schräg eingedrehter, auf Zug beanspruchter Schrauben

Der Vergleich der Tragfähigkeit $F_{ZD,Rk}$ einer Verbindung mit ZD-Platten mit der Tragfähigkeit $F_{t,Rk}$ einer Verbindung mit gleicher Anzahl schräg eingedrehter Schrauben (z. B. unter Verwendung der Winkelscheibe) zeigt, dass die Differenz der Tragfähigkeiten vom Einschraubwinkel und Anzahl der Schrauben (ohne ZD-Platte) abhängt.

Lastumkehr

Bei einem Wechsel der Beanspruchungsrichtung in einer Verbindung müssen die darin verwendeten Verbindungsmittel die Lasten in beide Richtungen übertragen können. Da geneigte Schrauben ohne Sperrmechanismus nur Kräfte in eine Richtung übertragen können, müssen in solchen Verbindungen zusätzliche Schrauben in die entgegengesetzte Richtung angeordnet

werden. In diesen Verbindungen können jeweils nur die Schrauben zur Lastabtragung herangezogen werden, die planmäßig auf Zug beansprucht werden.

Bei der Verwendung von ZD-Platten ist die Richtung der Beanspruchung irrelevant. Das Verhältnis zwischen der Tragfähigkeit von Verbindungen mit ZD-Platten $F_{ZD,Rk}$ zu der Tragfähigkeit von Verbindungen mit schräg angeordneten Schrauben $F_{t,Rk}$ wächst mit dem Verhältnis $\eta=\min\{|F_{c,k}|;\ F_{t,k}\}\ /\ \max\{|F_{c,k}|;\ F_{t,k}\}$ der Beträge der Lastwechsel ($|F_{c,k}|$ = Druckbeanspruchung in der Verbindung; $F_{t,k}$ = Zugbeanspruchung in der Verbindung)

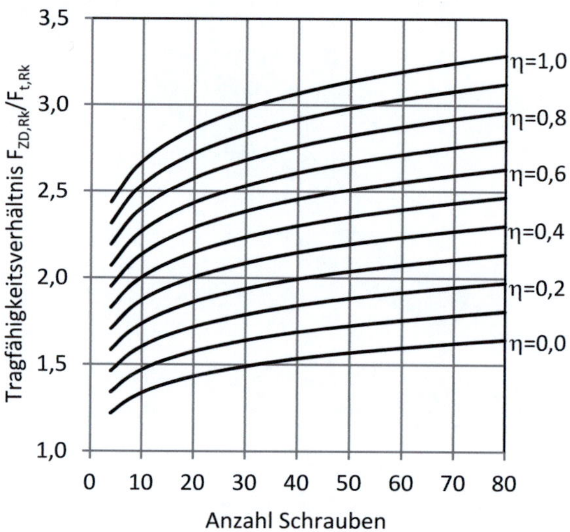

Abb.11   Verhältnis der Tragfähigkeiten von Verbindungen mit ZD-Platten $F_{ZD,Rk}$ zu Verbindungen mit schräg angeordneten Schrauben $F_{t,Rk}$ in Abhängigkeit von der Anzahl der Schrauben und dem Verhältnis der Beträge der Lastwechsel mit $\eta=\min\{|F_{c,k}|;\ F_{t,k}\}\ /\ \max\{|F_{c,k}|;\ F_{t,k}\}$

2   Biegesteife Verbindungen

2.1   Vorbemerkung

Biegesteife Anschlüsse sind in Stahl- und Stahlbeton standardisiert und kommen in unterschiedlichen Varianten zur Ausführung. Im Holzbau werden überwiegend statische Modelle mit Gelenken gewählt, da diese einfach und günstig herzustellen sind. Biegesteife Verbindungen sind im Holzbau meist nur mit hohem Aufwand herzustellen. Auch die Dimensionierung der Querschnitte wird meist durch solche Anschlüsse bestimmt. Daraus folgt, dass Querschnitte nicht ausgenutzt werden und die Wirtschaftlichkeit der Konstruktion sinkt.

Ziel ist es, wie im Stahlbau für die Ausbildung biegesteifer Anschlüsse standardisierte Lösungen abzuleiten, die eine schnelle Bemessung zulassen und nicht die Abmessungen beeinflussen.

Im Folgenden werden drei Varianten für die Ausführung von biegesteifen Verbindungen dargestellt.

2.2 Variante 1 – Universeller Laschenstoß

Im Stahlbau werden bei den standardisierten, biegesteifen Anschlüssen die Momente und Normalkräfte über die Flansche der Doppel-T-Profile in das angrenzende Bauteil eingeleitet.

Auch bei der in diesem Abschnitt dargestellten Variante werden die Normalkräfte und das aus dem Moment resultierende Kräftepaar über Flansche in das Nachbarbauteil eingeleitet. Hierzu wird das Moment in ein horizontales Kräftepaar aufgeteilt, das an der Ober- und Unterseite des Trägers wirkt. über die ZD-Platte werden die Kräfte in die Stahllaschen eingeleitet. Eine vorhandene Normalkraft wird je zur Hälfte den Stahllaschen zugewiesen und mit dem Kräftepaar aus dem Moment überlagert. Die Querkraft wird unmittelbar vor dem Trägerende mittels Vollgewindeschrauben in die obere Lasche hochgehängt bzw. über Kontakt in die untere Lasche eingeleitet. In diesem Bereich müssen die Laschen mit einem Steg ausgesteift werden.

Aus dem statischen System folgen die Beanspruchungen:

(1) Einwirkung auf die ZD-Platten

$$N_{ZD,t,Ed} = \frac{|M_{y,d}|}{h_{ef}} + \frac{N_d}{2}$$

$$N_{ZD,c,Ed} = \frac{|M_{y,d}|}{h_{ef}} - \frac{N_d}{2}$$

Mit h_{ef} = $h_{Träger} - 5{,}4$ cm

    $h_{Träger}$ Trägerhöhe in cm

(2) Einwirkung auf Zug und Drucklaschen

$$N_t = \frac{|M_{y,d}|}{h_{ef}} + \frac{N_d}{2} + \frac{V_d \cdot x_V}{h + t_{Stahl}}$$

$$N_c = \frac{|M_{y,d}|}{h_{ef}} - \frac{N_d}{2} + \frac{V_d \cdot x_V}{h + t_{Stahl}}$$

(3) Einwirkung auf die Stahlsteife

$$M_{St,d} = V_d \cdot x_V \text{ und } V_{St,d} = V_d$$

Die Übertragung der Querkraft kann bei Holz-Holz-Verbindungen auch z. B. durch Anordnung von Schraubenkreuze, deren Schnittpunkt in der Anschlussfuge liegt, erfolgen. Die ZD-Platten entziehen sich der Querkraftübertragung solange die Zug und Drucklaschen nicht entsprechend ausgesteift werden.

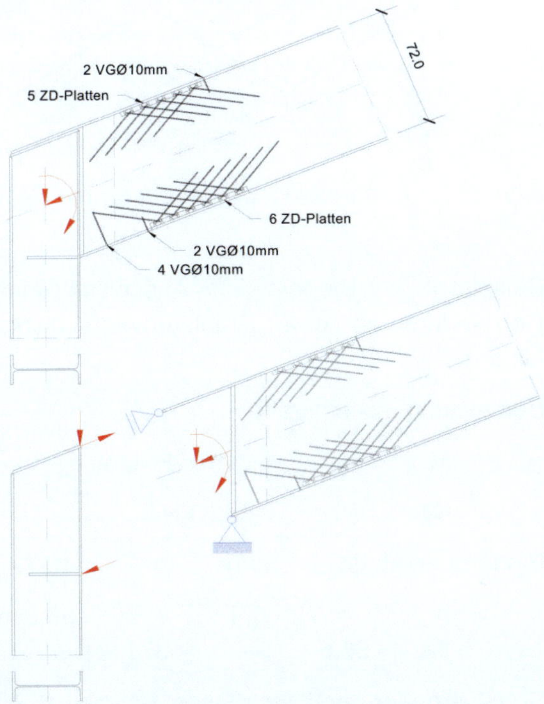

Abb.12   Darstellung der Anschlussvariante 1 und des zugehörigen statischen Systems an einem Praxisbeispiel

Die erforderliche Anzahl der ZD-Platten kann mit dem Bemessungsdiagramm in Abb. 13 ermittelt werden. Auf der Abszisse wird das auf die effektive Trägerhöhe bezogene Moment $|M_{y,d} / h_{ef}|$ abgetragen. Auf der Ordinate wird der Normalkraftanteil abgetragen. Der resultierende Schnittpunkt definiert die erforderliche Anzahl ZD-Platten.

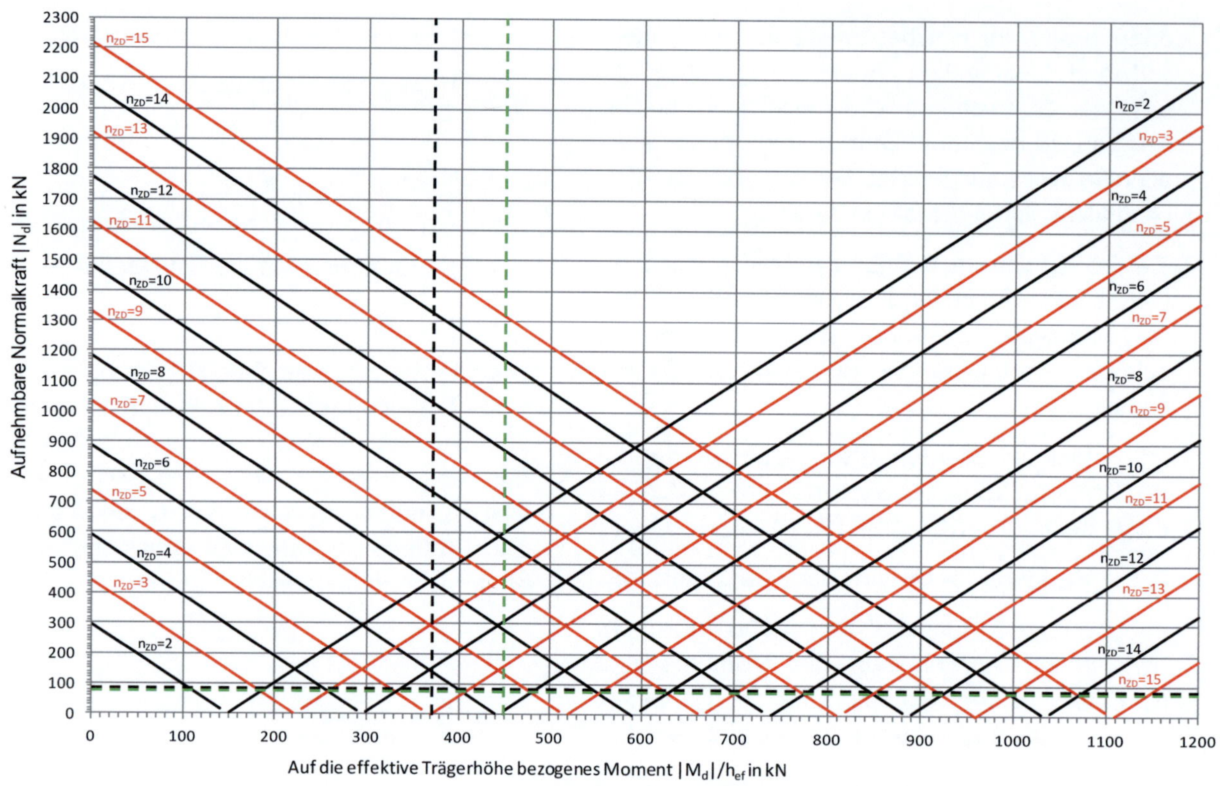

Abb.13 *Bemessungsdiagramm für die Bestimmung der erforderlichen Anzahl ZD-Platten n_{ZD}*

Beispiel 1: Biegesteifer Anschluss eines Holzbinders an eine Stahlstütze (schwarze Linien)

Bemessungsschnittkräfte

$$M_{y,d} \quad = \quad -24675 \text{ kNcm}$$

$$N_d \quad = \quad -87,3 \text{ kN}$$

Binderquerschnitt $\quad$ b/h $\quad = \quad$ 16/72

$\Rightarrow h_{ef} \quad = 72 - 5,4 \quad = \quad 66,6\text{cm}$

$|M_{y,d}| / 66,6 \quad = \quad 371 \text{ kN}$

Somit ergeben sich für dieses Beispiel 6 ZD-Platten auf der Druck- und 5 ZD-Platten auf der Zugseite.

Beispiel 2: Biegesteifer Anschluss einer Holzstütze an ein Fundament (grüne Linien)

Bemessungsschnittkräfte

$$M_{y,d} \quad = \quad \pm17800 \text{ kNcm}$$

$$N_d \quad = \quad -70,8 \text{ kN}$$

Binderquerschnitt $\quad$ b/h $= 2 \times 16/45$

$\Rightarrow h_{ef} \quad = 45 - 5,4 \quad = \quad 39,6 \text{ cm}$

$|M_{y,d}| / 39,6 \quad = \quad 450 \text{ kN}$

Somit ergeben sich für dieses Beispiel 7 ZD-Platten auf beiden Seiten.

2.3 Variante 2 – Modifizierter Dübelkreis

Diese Variante ist besonders für biegesteife Holz-Holz-Rahmenecken geeignet. Sie hat den Vorteil, dass der Binder auf die Stütze aufgelegt wird bzw. bei Konstruktionen mit Vordach über die Stütze durchlaufen kann.

Die Lasteinleitung am Binder erfolgt mittels Schrauben die senkrecht (Punkt 2) und schräg (Punkt 1) zum Binder eingedreht werden. Diese Schrauben induzieren eine Querkraft in den Binder. Der Nachweis der aus dieser Kraft resultierenden Schubspannungen ist der Ausgangspunkt für die Dimensionierung des Anschlusses. Aus der maximal möglichen Schubspannung ergibt sich die Kraft, die über die Schrauben am Punkt 1 eingeleitet werden kann. Über die Summe der quer zum Binder wirkenden Kräfte ergibt sich die Kraft am Punkt 2 (Querdruckverstärkung mit Vollgewindeschrauben). Mit den beiden Lasten kann der erforderliche Abstand der beiden Punkte 1 und 2 berechnet werden (Momentengleichgewicht).

Der Dachschub wird am Punkt 2 über Kontakt abgeleitet. Hierzu erfolgt die Ausbildung einer Ausklinkung als Anschlag. Alternativ kann hier der Anschluss ebenfalls mit ZD-Platten erfolgen, womit die Querschnittsschwächung im Binder und damit auch die Voutenabmessungen reduziert werden kann.

An der Außenseite der Stütze erfolgt der Anschluss der Vertikalraftkomponente über ZD-Platten (Punkt 5). Diese Kraft kann aus der Kraft am Punkt 1 berechnet werden. Zudem entsteht hier aus der Lastumlenkung eine zusätzliche Druckkomponente senkrecht zur Stützenachse. Diese wird am Punkt 1 definiert mit Druckschrauben in die Stütze eingeleitet.

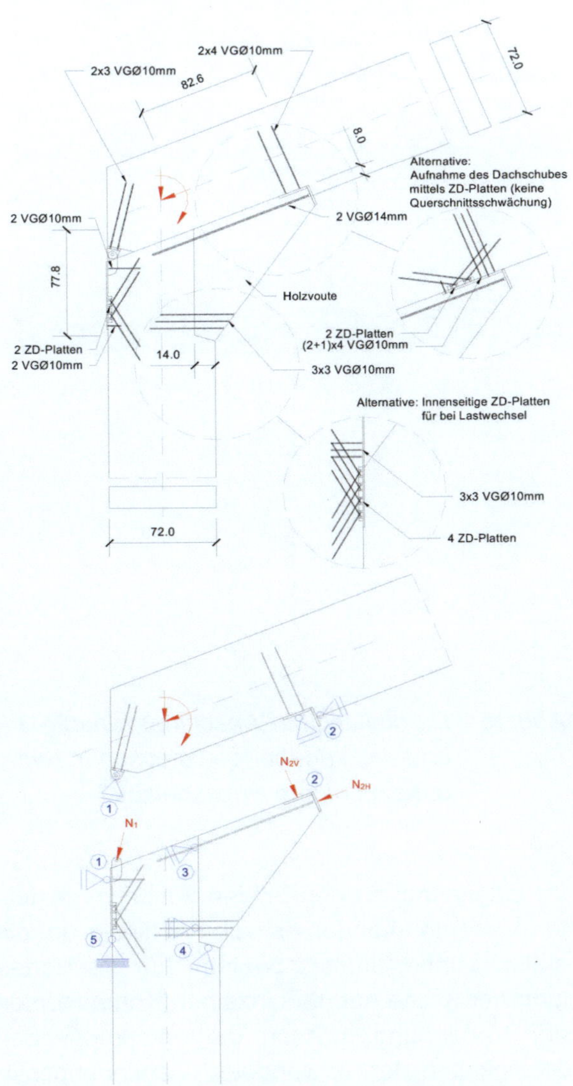

Abb.14   Darstellung der Anschlussvariante 2 und des zugehörigen statischen Systems an einem Praxisbeispiel

Auf der Innenseite der Rahmenecke wird eine Voute angeordnet. In Abb.14 erfolgt die Ausführung mit einer Voute aus Holz. Diese kann alternativ auch in Stahl ausgeführt werden. Die Lasteinleitung erfolgt am Punkt 2 über Kontaktpressung. In der Schrägen übernimmt die Voute die Aufgabe einer Druckstrebe und leitet die Last am unteren Punkt über Kontakt in die Stütze. Die Weiterleitung der Last von Punkt 2 nach Punkt 3 erfolgt ausschließlich über die Vollgewindeschrauben, die die Voute in der Stütze rückverankern. Die Lasteinleitung am unteren Punkt 4 der Voute kann alternativ auch mit ZD-Platten erfolgen.

Bei Lastspielen mit Vorzeichenwechsel sollte die Variante mit einer Stahlvoute und ZD-Platten am Punkt 4 zum Einsatz kommen.

Beispiel 3:   Biegesteifer Anschluss eines Holzbinders an eine Stahlstütze (vgl. Beispiel 1)

Bemessungsschnittkräfte

$$M_{y,d} \quad = \quad -24675 \text{ kNcm}$$

$$N_d \quad = \quad -87,3 \text{ kN}$$

$$V_d \quad = \quad 63,9 \text{ kN}$$

Binderquerschnitt   b/h   =   16/72

Festigkeitswerte (GL28c, KLED=kurz, NKL 1+2)

$$f_{c,0,d} \quad = \quad 1,66 \text{ kN/cm}^2$$

$$f_{c,\alpha=17,2°,d} \quad = \quad 1,23 \text{ kN/cm}^2$$

$$f_{c,\alpha=33,3°,d} \quad = \quad 0,75 \text{ kN/cm}^2$$

$$f_{c,\alpha=56,7°,d} \quad = \quad 0,43 \text{ kN/cm}^2$$

$$f_{c,90,d} \quad = \quad 0,19 \text{ kN/cm}^2$$

Aus der vorhandenen Geometrie ergeben sich folgende Schnittkräfte und die zugehörigen Nachweise an den Verbindungspunkten:

$$N_1 \quad = \quad \mathbf{109,8 \text{ kN}}$$

Gew.: 6 x Würth ASSY plus VG 10x530

Nachweis der Schrauben:

$$109,8 \,/\, (6 \cdot 24,6) \quad = 0,74 \ < 1$$

$$N_{2V} \quad = \quad \mathbf{173,7 \text{ kN}}$$

Gew.: Binder 4 x Würth ASSY plus VG 10x530, Stahlplatte 230x160x15

Nachweis der Lasteinleitung an der Stahlplatte:

$173{,}7 / (4 \cdot 17{,}4 + 1{,}75 \cdot 16 \cdot 26 \cdot 0{,}19) =$

$\qquad\qquad 0{,}84 \quad < \quad 1$

Nachweis der Lasteinleitung an der Schraubenspitze:

$173{,}7 / (16 \cdot (12 + 2 \cdot 53) \cdot 0{,}19) =$

$\qquad\qquad 0{,}48 \quad < \quad 1$

Druck auf Voute unter einem Winkel von 56,7°:

$173{,}7 / (16 \cdot 26 \cdot 0{,}43) = 0{,}97 < \quad 1$

$N_{2H} \quad = \quad 150{,}3 \text{ kN}$

Gew.: Ausklinkung 8cm zzgl.
Stahlplatte 160x160x15

Nachweis der Lasteinleitung am Binder:

$150{,}3 / (16 \cdot 8 \cdot 1{,}66) = 0{,}71 < \quad 1$

Druck auf Voute unter einem Winkel von 33,3°:

$150{,}3 / (16 \cdot 16 \cdot 0{,}75) = 0{,}78 < \quad 1$

$N_3 \quad = \quad 105{,}0 \text{ kN}$

Gew.: 3 x Würth ASSY plus VG 14x1300

Nachweis der Schrauben:

$109{,}8 / (3 \cdot 45{,}3) \qquad = 0{,}81 < \quad 1$

$N_{4H} \quad = \quad 110{,}9 \text{ kN}$

Gew.: 9 x Würth ASSY plus VG 10x260

Nachweis der Schrauben:

$110{,}9 / (9 \cdot 13{,}9) \qquad = 0{,}87 < \quad 1$

$N_{4V} \quad = \quad 277{,}8 \text{ kN}$

Gew.: Ausklinkung 14 cm (Winkelhalbierende)
Druck auf Voute/Stütze unter Winkel 17,2°:

$277{,}8 / (16 \cdot 14{,}7 \cdot 1{,}23) = 0{,}96 < \quad 1$

$N_5 \quad = \quad 107{,}0 \text{ kN}$

Gew.: 2 ZD-Platten
zzgl. je 4xWürth ASSYplus VG 10x400

Nachweis der Schrauben:

$107{,}0 / (3 \cdot 23{,}8) \qquad = 0{,}75 < \quad 1$

Die **Diagonalkraft** in der Voute ergibt sich zu 308,8 kN. Aus dem Druck parallel zur Faser folgt:

$308{,}8 / 1{,}66 \quad = \quad 186 \text{ cm}^2 << \quad \text{vorh A}$

2.4 Variante 3 – Standardisierter Biegestoß

Mit dieser Variante sollen analog zu den standardisierten Anschlüssen im Stahlbau, biegesteife Verbindungen ausgeführt werden, deren Querschnitte aufgrund der Spannungsnachweise zu 100% ausgenutzt sind.

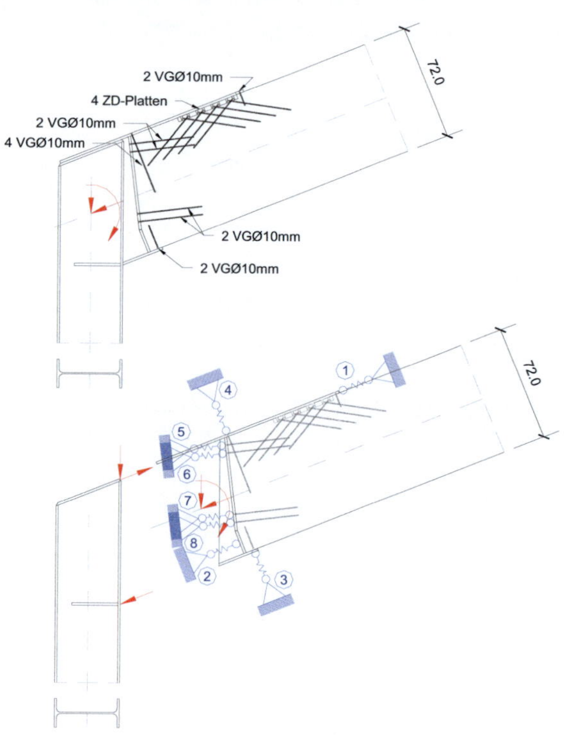

*Abb.15   Darstellung der Anschlussvariante 3
und des zugehörigen statischen Systems an einem Praxisbeispiel*

Im Gegensatz zu den beiden zuvor vorgestellten Varianten handelt es sich bei dieser um ein statisch unbestimmtes System. Für die Verteilung der Kräfte auf die einzelnen Komponenten der Verbindung müssen die entsprechenden Steifigkeiten der verwendeten Verbindungsmittel berücksichtigt werden. Die Steifigkeiten der Verbindungskomponenten werden wie folgt angenommen:

(1) Schrauben gem. ETA-11/0190

$$K_{ser} = 780 \cdot d^{0,2} \cdot \ell_{ef}^{0,8} \qquad \text{[N/mm]}$$

(2) ZD-Platten gem. ETA-11/0470

$$K_{ser} = 1000 \qquad \text{[N/mm]}$$

(3) Holz auf Druck parallel zur Faser

$$K_{ser} = E_{0,mean} \cdot A/\ell \qquad \text{[N/mm]}$$

Mit A Druckfläche

$E_{0,mean}$ Mittlerer Elastizitätsmodul

$\ell \quad \approx 2 \cdot h_{Beam}$

h_{Beam} Trägerhöhe

Für die Berechnungen werden folgende Annahmen getroffen:

(1) Das statische System wird entsprechend Abb. 15 angenommen.

(2) Die Steifigkeiten der gedrückten, schräg angeschnittenen Hirnholzbereiche werden durch die dort eingedrehten Schrauben definiert (da die Pressung unter 15° zur Faser stattfindet, ist die Steifigkeit der Kontaktflächen höher, als die der Schrauben).

(3) Die punktuellen Druckkräfte, die aus den Berechnungen auf die Schrauben der schräg angeschnittenen Hirnholzfläche entfallen, werden durch Pressung in der umliegenden Holzflächen (Schraubenabstandsfläche) aufgenommen.

(4) Der Einfluss der Biege- und Schubsteifigkeit kann bei der Ermittlung der Schnittkräfte im Anschlussbereich vernachlässigt werden.

Für eine Parameterstudie werden weiterhin folgende Annahmen getroffen:

(1) Die Druckfläche wird konstant mit einer Höhe von 15 cm angenommen.

(2) Der Nachweis auf Biegung mit Druck bzw. Biegung mit Zug nach [1] für die in Rechnung gestellten Bemessungsmomente und Bemessungsnormalkräfte führt zu einer 100% Ausnutzung der Querschnitte.

(3) Der Ausnutzungsgrad der Normalkraft am Gesamtausnutzungsgrad beträgt maximal 10%.

(4) Die Ausnutzung der Schubspannungen wird für die Fälle von 0 bis 100% untersucht.

(5) Es werden Querschnitte der Höhen 36 bis 120 cm untersucht.

(6) An der schrägen Hirnholzfläche wird jeweils die maximal mögliche Anzahl an Schrauben angeordnet (unter Einhaltung aller erforderlichen Mindestrand- und Achsabstände)

(7) Es werden immer 4 ZD-Platten an der Oberseite angeordnet.

Abb. 16 zeigt das Ergebnis der Parameterstudie für Biegung mit Druck zu entnehmen. Es ist erkennbar, dass mit dieser Variante unter den oben getroffenen Annahmen, für jede Querschnittsabmessung die Nachweise eingehalten werden und somit die biegesteife Verbindung in dieser Variante ausgeführt werden kann.

Der Abbildung kann auch entnommen werden, dass bei geringen Normalkraftanteilen die Anzahl der Verbindungsmittel z. T. stark reduziert werden kann. Hohe Normalkraftanteile (hier Druckkraft) führen zu einer hohen Ausnutzung der Verbindung.

Eine Untersuchung für zugbeanspruchte Biegestöße führt zu dem Ergebnis, dass die Verbindung mit den getroffenen Annahmen zu maximal 50% ausgenutzt wird (hier nicht dargestellt).

Lastwechsel in Höhe von z. T. deutlich über 50% der Hauptlastrichtung, können ohne zusätzliche Maßnahmen kompensiert werden. Dabei entfällt bei der Berechnung der unter Kopplungspunkt (Druckfeder).

Beispiel 4:   Biegesteifer Anschluss eines Holzbinders an eine Stahlstütze (vgl. Beispiel 1 und 3)

Bemessungsschnittkräfte

$M_{y,d}$ =   -24675 kNcm

N_d =   -87,3 kN

V_d =   63,9 kN

Binderquerschnitt   b/h   = 16/72

Festigkeitswerte (GL28c, KLED=kurz, NKL 1+2)

$f_{c,0,d}$ =   1,66 kN/cm²

$f_{c,\alpha=15°,d}$ =   1,31 kN/cm²

$f_{c,90,d}$ =   0,19 kN/cm²

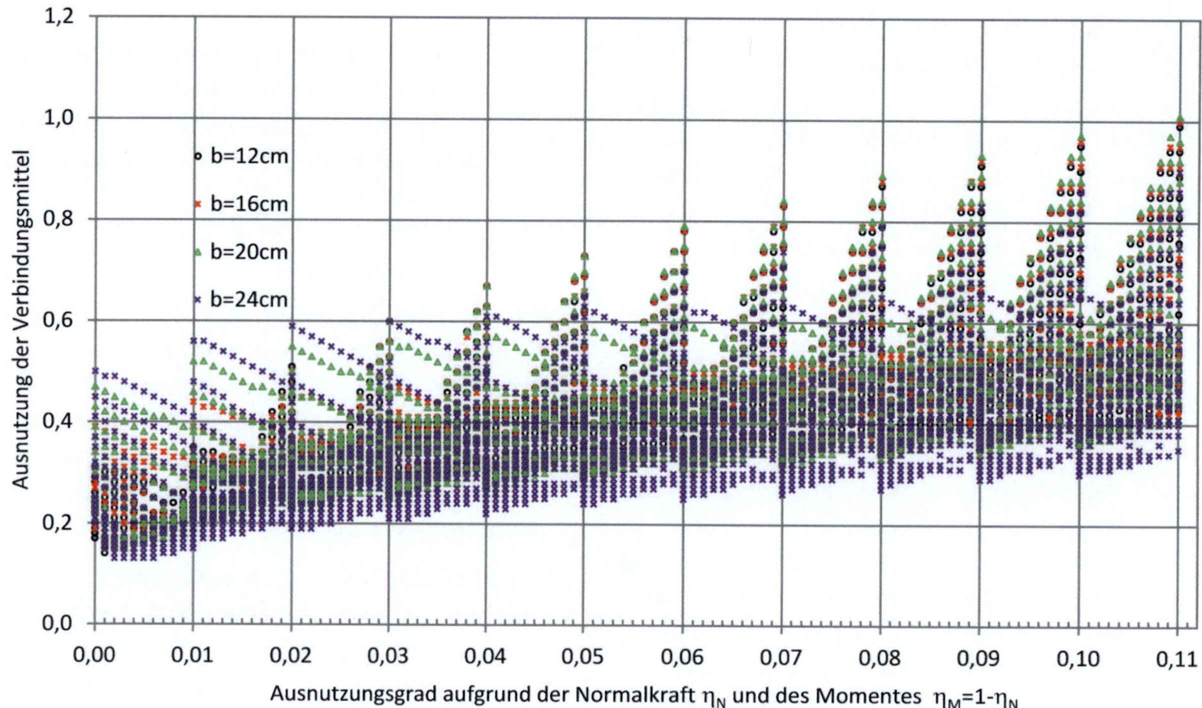

Ausnutzungsgrad aufgrund der Normalkraft η_N und des Momentes $\eta_M = 1-\eta_N$

(Zwischenintervalle entsprechen der Ausnutzungsgrad durch Querkraft η_V)

Abb.16   Ausnutzungsgrad des Anschlusses bei Vollauslastung des Querschnittes

Aus den Beanspruchungen resultieren folgende Federkräfte:

Nr.	n	K_{ser}	$n \cdot F_{Ed}$	F_{Ed}
	Stk.	N/mm²	kN	kN
1	4	4000	290,8	72,7
2	1	1800	-219,6	-219,6
3	2	94,1	-31,3	-15,6
4	4	135,8	74,1	18,5
5	2	135,8	-25,4	-12,7
6	2	135,8	-28,6	-14,3
7	2	135,8	-56,5	-28,2
8	2	135,8	-53,3	-26,7

Nachweis der ZD-Platten:

F_{Ed} = 72,7 kN ≤   73,8 kN = F_{Rd}

Nachweis der Pressung parallel zur Faser:

219,6 / (14 · 15) / 1,66 = 0,63 <   1

Nachweis der Pressung unter 15° zur Faser:

28,2 / (7 · 5) / 1,31   = 0,62 <   1

Nachweis der Querpressung/Querdruckverstärkung:

2 · 15,6 / (2 · 10,7 + 7,5 · 14 · 0,19) = 0,75
                                      < 1

2 · 15,6 / ((5 + 14,5) · 14 · 0,19) = 0,60 < 1

Nachweis der Zugschrauben:

18,5 / 24,6   =   0,75 <   1

3 Ringverbinder

Bei dem Ringverbinder handelt es sich um ein Verbindungselement mit dem mittels Vollgewindeschrauben sowohl Druck als auch Zugkräfte übertragen werden können.

Abb.17   Ringverbinder

Durch die gewählte Geometrie ist für den Verbinder keine Orientierung oder Lage vordefiniert. Dadurch können die Schrauben direkt in Beanspruchungsrichtung eingedreht werden. Lastumlenkungen können dadurch vermieden werden und die Effizienz der Schraubentragfähigkeit voll genutzt werden.

3.1 Wirkungsweise

Der Ringverbinder besteht aus einem Stahlring der auf einer Seite eine Durchgangsbohrung aufweist, durch die eine Vollgewindeschraube durchgesteckt werden kann. Auf der gegenüber liegenden Seite verfügt der Ring über ein Loch im Nenndurchmesser der vorgesehenen Schraube. Innenseitig verfügt dieses Loch über eine Senkbohrung die zur Aufnahme des Schraubenkopfes dient. Nachdem der Ring mittels Vollgewindeschraube auf ein Holzelement aufgeschraubt wurde, kann mit einem Bolzen oder einer Gewindestange die Verbindung zu einem weiteren Ringverbinder oder zu einem anderen Stahlbauteil hergestellt werden.

Der Bolzen übernimmt zusätzlich die Aufgabe einer Sperrfunktion für die Schraube. Wird die Schraube auf Druck beansprucht, verhindert der Kontakt zwischen Schraubenkopf und Bolzen, dass die Schraube herausgedrückt werden kann.

Die Tragfähigkeit des Ringverbinders dimensioniert sich ausschließlich über die Zug- und/oder Drucktragfähigkeit der verwendeten Schraube.

3.2 Anwendungsbeispiele

Der Ringverbinder eignet sich als Knotenelement für Fachwerkkonstruktionen und unterspannte Systeme. Führt man die Füllstäbe in Brettsperrholz aus, können die Ringverbinder am Hirnholz in Kraftrichtung in die Querlage eingeschraubt werden. Dabei wird die Kraft ohne weitere Umlenkung in die Schraube eingeleitet. An den Gurten können die Ringverbinder in Richtung der ankommenden Kraft eingedreht werden. Auch hier findet keine Umlenkung der Kräfte statt. Aufwändige Schlitzarbeiten sind dabei nicht mehr erforderlich und die Tragfähigkeit einer axial beanspruchten Schraubverbindung ist leistungsfähiger und steifer als eine Scherverbindung. Da der Ringverbinder durch den Bolzen über eine Sperrfunktion für die eingesetzte Schraube verfügt, können Lastwechsel kompensiert werden.

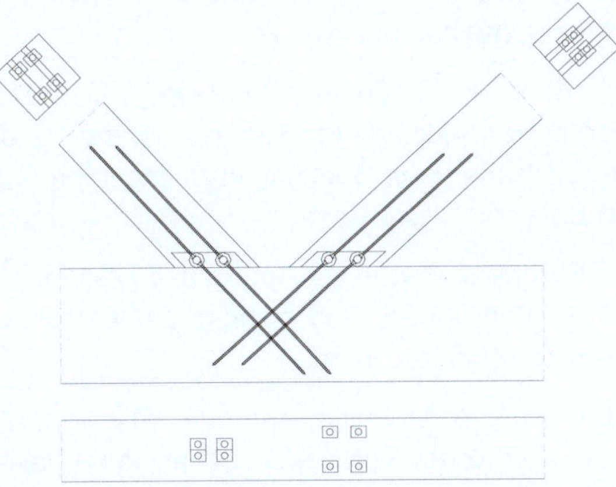

Abb.18   Beispiel für einen Diagonalstabanschluss

Eine weitere Anwendungsmöglichkeit für den Ringverbinder sind Aussteifungsverbände aus Holz. Wie bei den Fachwerkkonstruktionen können hier Diagonal- und Längsstäbe in Brettsperrholz ausgeführt werden. Die Verschraubung erfolgt anlog zu der oben dargestellten Variante.

Bei mehrgeschossigen Gebäuden aus Holz kann der Ringverbinder zur Geschoßverankerung verwendet werden. Der Verbinder kann an der Unterkante einer Wand in einer Aussparung vormontiert werden. Auf der Baustelle werden entsprechende Winkel montiert die über einen Steckbolzen mit dem Ringverbinder gekoppelt werden.

5 Autor

Dipl.-Ing. Henning Ernst

TimCon, Ingenieurbüro für Baustatik, Konstruktion, Software und Beratung
Eisenbahnstraße 20
76761 Rülzheim

Kontakt:
Henning.Ernst@Tim-Con.de

4 Literatur

[1] EN 1995-1-1: 2010-12. Bemessung und Konstruktion von Holzbauten – Teil 1-1: Allgemeines – Ellgemeine Regeln und Regeln für den Hochbau. DIN Deutsches Institut für Normung e.V., Beuth Verlag GmbH, 10772 Berlin

[2] DIN 1052: 2008-12. Entwurf, Berechnung und Bemessung von Holzbauwerken – Allgemeine Bemessungsregeln und Bemessungsregeln für den Hochbau. DIN Deutsches Institut für Normung e.V., Beuth Verlag GmbH, 10772 Berlin

[3] Bejtka, I. (2005): Verstärkung von Bauteilen aus Holz mit Vollgewindeschrauben, Dissertation, Band 2 der Reihe Karlsruher Berichte zum Ingenieurholzbau.

[4] Blaß, H.J.; Enders-Comberg, M. (2012): Fachwerkträger für den Holzbau, Band 22 der Reihe Karlsruher Berichte zum Ingenieurholzbau.

[5] European Technical Approval ETA-11/0190. Würth Schrauben, Self-tapping screws for use in timber constructions.

[6] European Technical Approval ETA-11/0470. SWG ZD Connector, Three dimensional nailing plate (Connector for timber-to-steel connections.

[7] Krenn, H. (2010): Der Einfluss der Gruppenwirkung von Schraubenverbindungen auf das Nachweisverfahren, Tagungsband 16. Internationales Holzbau-Forum 2010.

Erdbebenverhalten von mehrgeschossigen Gebäuden aus Brettsperrholz

Carmen Sandhaas

Zusammenfassung

In diesem Artikel wird der Einsatz von Gebäuden aus Brettsperrholz (BSP) in Erdbebengebieten diskutiert und ihr Verhalten unter seismischen Lasten erläutert. Am Beispiel eines großen Forschungsprojektes werden die Herangehensweise zur Untersuchung des Erdbebenwiderstandes verdeutlicht und die Hintergründe des europäischen Regelwerks Eurocode 8 zur Bemessung von Bauwerken gegen Erdbeben dargelegt. Wichtige, BSP-spezifische Punkte zum Erdbebenverhalten werden angesprochen.

1   Einleitung

Ein wichtiger Teil der Nachweise im Rahmen einer Bemessung mehrgeschossiger BSP-Gebäude sind Stabilitäts- und Aussteifungsnachweise. Das Thema Stabilität und Aussteifung von Bauten ist vor allem für horizontale Einwirkungen auf Tragwerke wichtig, wie zum Beispiel Windkräfte. Ein Sonderfall solcher horizontaler Einwirkungen sind Erdbeben. Auch in Deutschland sind Erdbebenzonen definiert, die die in einer Region geologisch mögliche Seismizität festlegen und die maximale Bodenbeschleunigung bestimmen, anhand derer die Erdbebenkräfte bestimmt werden (siehe Abb. 1 [1]). Die durch Erdbeben hervorgerufenen Scherkräfte werden je nach Art des Baugrundes und der Erdbebenzone häufig maßgebend. Erdbeben führen jedoch nicht nur zu großen horizontalen Lasten, sondern sind zusätzlich noch dynamisch und zyklisch. Die Antwort von Tragwerken unter dynamischen und wechselnden Belastungen wird umso schwieriger erfassbar, je komplexer das Gebäude wird.

Eine gute Erdbebenbemessung beruht deshalb auf der bestmöglichen Einhaltung gestalterischer Grundregeln wie konstruktive Einfachheit, Regelmäßigkeit und Symmetrie der Tragwerke oder Schaffung alternativer Lastableitungspfade und Lastumlagerungsmöglichkeiten (Redundanz). Durch diese Grundregeln kann der zur Bemessung notwendige Rechenaufwand klein gehalten werden, da durch die Einhaltung der Gestaltungsprinzipien ein Tragwerk mit vereinfachten Methoden bemessen werden kann, ohne umfangreiche dynamische Berechnungen durchführen zu müssen. Diese Konzepte und Konstruktionsprinzipien sind in modernen Erdbebennormen wie im inzwischen in Deutschland gültigen Eurocode 8 [1] erläutert und in der einführenden Literatur kurz und verständlich dargelegt [z.B. 2].

Grundsätzlich gilt, dass nach Eurocode 8 zwei Erdbebennachweise geführt werden; ein Nachweis im „Grenzzustand der Gebrauchstauglichkeit" wobei ein kleines Erdbeben mit einer Wiederkehrperiode von 95 Jahren keine unverhältnismäßigen Schäden anrichten darf. Diese Anforderungen an die Schadensbegrenzung entfallen jedoch im nationalen Anhang zum Eurocode 8 [1]. Weiterhin muss ein Nachweis im „Grenzzustand der Tragfähigkeit" geführt werden, in dem für große Erdbeben mit einer Wiederkehrperiode von 475 Jahren Anforderungen an die Standsicherheit gestellt werden. Wichtige Gebäude für die Infrastruktur werden durch einen Bedeutungsbeiwert γ_1 berücksichtigt, der umso höher ist, je wichtiger ein Gebäude im Katastrophenfall ist wie z.B. Krankenhäuser. Die ermittelten Erdbebenkräfte werden mit diesem Wert γ_1 beaufschlagt, und das Gebäude wird für entsprechend erhöhte Kräfte bemessen.

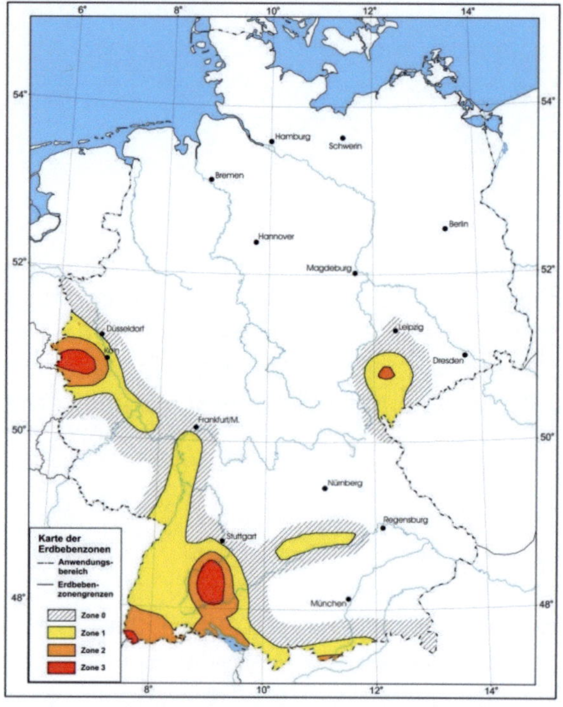

Abb. 1   Erdbebenzonenkarte Deutschland [aus 1]

Um jedoch zuverlässig eine Erdbebenbemessung durchführen zu können, sind gewisse Parameter notwendig, die den Konstruktionstypus der zu bemessenden Gebäude erfassen. Diese Eingangsparameter in eine Bemessung müssen in den Normen festgelegt sein und werden dazu in Forschungsvorhaben bestimmt. Anhand eines Beispiels wird im Folgenden der Ablauf eines Forschungsprojekts und die Umsetzung der Forschungsergebnisse in Normenregeln vorgestellt. Weitere Informationen zum Hintergrund der europäischen Methode der Erdbebenbemessung können früheren Artikeln der Karlsruher Tage entnommen werden [3, 4].

2   Projekt SOFIE

2.1   Grundidee

Das Projekt SOFIE war ein umfangreiches Forschungsprojekt, das von der Autonomen Provinz Trentino in Norditalien finanziert und vom Institut IVALSA unter der Leitung von Prof. Ario

Ceccotti koordiniert und durchgeführt wurde. Das Anliegen des Projektes war die Untersuchung von mehrstöckigen Gebäuden aus BSP unter Berücksichtigung aller bautechnischen Aspekte vom Brandverhalten über Akustik und Dauerhaftigkeit bis hin zur Bauphysik.

Ein Hauptaugenmerk des Projektes lag auf dem Erdbebenverhalten solcher Gebäude. Italien ist Erdbebengebiet und eine Erdbebenbemessung ist daher unabkömmlich. Das Projekt SOFIE beschreibt erstmals Untersuchungen hinsichtlich des Erdbebenverhaltens von Gebäuden aus BSP. Im Eurocode 8 [1] gibt es bisher keinerlei Hinweise zu Konstruktionsdetails oder Bemessungsfaktoren für Gebäude aus BSP.

In Zusammenarbeit mit japanischen Kollegen wurden umfassende Testreihen durchgeführt, um diesen Konstruktionstypus zu klassifizieren und Bemessungsparameter zu bestimmen. Die Testreihen waren hierarchisch aufgebaut, bei Bauteilen beginnend und bei Versuchen an Häusern in Originalgröße aufhörend:

- Monotone und zyklische Versuche an Wandelementen zur Bestimmung der Tragfähigkeit in Plattenebene, berücksichtigt wurden unterschiedliche Verbindungsanordnungen, Öffnungen, Vertikallasten und die Verbindung zwischen den Stockwerken;
- Pseudodynamische Versuche an einem Stockwerk eines BSP-Gebäudes, 7 x 7 m im Grundriss mit drei verschiedenen Öffnungen und ohne Vertikallasten;
- Versuche auf einem 1D-Erdbebentisch an einem dreistöckigen Gebäude, 7 x 7 m im Grundriss, 10 m hoch, mit 15 Tonnen Auflast pro Stockwerk und drei verschiedenen Öffnungen im Erdgeschoss;
- Versuche auf einem 3D-Erdbebentisch an einem siebenstöckigen Gebäude, 7,5 x 13,5 m im Grundriss und 23,5 m hoch, mit 30 Tonnen Auflast per Stockwerk.

Die ersten beiden Versuchsreihen dienten der Kalibrierung der Verbindungen der BSP-Gebäude; die Versagensmechanismen sollten duktil sein und Energie dissipierend wirken. Ein plötzliches, sprödes Versagen der Verbindungen war nicht erwünscht. Außerdem kann mit Ergebnissen von zyklischen Versuchen an Wandelementen ein numerisches Model erstellt werden, mit dessen Hilfe Belastungen aus anderen als den geprüften Erdbeben und Gebäudevarianten berechnet werden können. Aus den Resultaten der großen Erdbebenversuche konnten dann erste Faktoren ermittelt werden, die eine im Vergleich zu einer rein linear-elastischen Bemessung wirtschaftlicheren Bemessung von BSP-Häusern unter Erdbebenlast ermöglichen.

Die ersten beiden Versuchsreihen sind hier nicht vorgestellt, Interessenten werden auf die Literatur verwiesen [5, 6]. Zudem wurden inzwischen zahlreiche andere Forschungsprojekte durchgeführt [z.B. 7, 8], die weitere Informationen über das Erdbebenverhalten von massiven Holzbauweisen liefern.

2.2 SOFIE-Häuser

Geometrie

Bevor die Versuche und ihre Ergebnisse sowie die Umsetzung in Erdbebennormen diskutiert werden, werden hier die beiden geprüften SOFIE-Häuser und einige wichtige Konstruktionsdetails vorgestellt. Beide Häuser waren reine Brettsperrholzbauten; Wand- und Deckenelemente bestanden aus BSP-Elementen verschiedener Dicke. Die mechanischen Verbindungen enthielten handelsübliche Stahlwinkel, Schrauben und Nägel.

Das dreistöckige Gebäude wurde in drei Konfigurationen geprüft. Der Unterschied lag in der unterschiedlichen Größe der Öffnungen im Erdgeschoss. Konfiguration A hatte drei Öffnungen mit einer Breite von 1,20 m. Diese drei Öffnungen wurden in Konfiguration B verbreitert auf 2,25 m. Konfiguration C ist in Abb. 2 gezeigt und hatte eine asymmetrische große Öffnung von 4,00 m in einer Außenwand. Die Höhe der Öffnungen wurde nicht verändert und blieb in allen drei Konfigurationen mit 2,20 m gleich. Die Dicke der Wandelemente war einheitlich 85 mm, die Deckenelemente waren 142 mm dick.

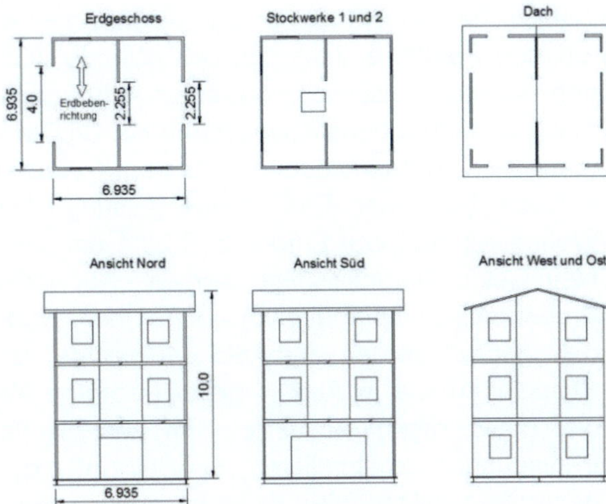

Abb. 2   *Grundrisse & Ansichten des Dreistöckers in Konfiguration C*

Die Deckenelemente des siebenstöckigen SOFIE-Hauses waren ebenfalls 142 mm dick. Die Dicke der Wandelemente variierte per Stockwerk je nach ihrer Beanspruchung, die Innen- und Außenwände waren allerdings gleich dick. Im Erdgeschoss und im ersten Stock betrug die Dicke der Wandelemente 142 mm, im zweiten und dritten Stock 125 mm und in den oberen Stockwerken 85 mm. Abb. 3a zeigt die Grundrisse des 7,5 m x 13,5 m großen Gebäudes, während in Abb. 3b ein Rendering des kompletten siebenstöckigen Gebäudes dargestellt wird.

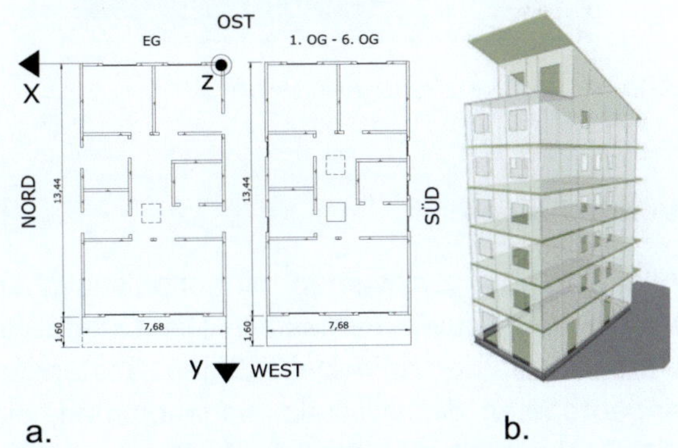

a.   b.

Abb. 3   *Siebenstöckiges Gebäudes, a. Grundriss, b. Rendering*

Auflasten

Ein bezugsfertiges Gebäude aus Brettsperrholz ist in der Regel relativ schwer, da der Deckenaufbau aus akustischen Gründen meist eine zusätzliche Schicht Sand und einen schwimmenden Estrich enthält. Die BSP-Wände werden normalerweise noch mit einer Außendämmung und einer Installationsebene mit Gipskartonplatten (Feuerschutz) versehen. Zudem müssen bei einer Erdbebenbemessung von Wohngebäuden laut Eurocode 0 30% der Verkehrslasten berücksichtigt werden. Auf dem Erdbebentisch konnte natürlich nur der „Rohbau" geprüft werden; zusätzliche Gewichte aus Stahlplatten wie in Abb. 4 gezeigt sorgten für die notwendigen Auflasten, um realistische Bedingungen zu simulieren. Speziell unter dynamischen Belastungen ist es besonders wichtig, dass Versuchskörper die richtige Masse aufweisen. Das dreistöckige Gebäude wurde mit zusätzlich 15 Tonnen (insgesamt 30 Tonnen Auflast) pro Stockwerk belastet und das siebenstöckige mit 30 Tonnen (insgesamt 150 Auflast) pro Stockwerk (jeweils ohne Dachlast). Das komplette Gewicht der Häuser mit Rohbau und Auflast betrug 47 Tonnen für den Dreistöcker und 285 Tonnen für den Siebenstöcker.

Abb. 4   Zusätzliche Auflasten

Verbindungen

Alle Verbindungen wurden mit handelsüblichen Verbindungsmitteln hergestellt. Die Querkräfte wurden von den in regelmäßigen Abständen angeordneten Stahlwinkeln aufgenommen, die die Deckenplatten mit den aufgehenden Wänden verbinden (Abb. 5c/d). In den Ecken wurden Zuganker angeordnet, die die hohen Abhebekräfte aufnehmen, die durch die von einem Erdbeben hervorgerufenen hohen horizontalen Kräfte entstehen können (Abb. 5a/b). Im dreistöckigen Haus wurden Simpson HTT22-Zuganker verwendet (Abb. 5b), die im siebenstöckigen Haus durch die speziell angefertigten,

stärkeren IVALSA-Zuganker (Abb. 5a) ersetzt wurden. Der Grund hierfür waren die wesentlich höheren Abhebekräfte im Siebenstöcker, die nicht durch die HTT22-Zuganker aufgenommen werden konnten.

Im Zwischengeschossbereich wurden die Zuganker durch die Decke hindurch mit einer Gewindestange gekoppelt (Abb. 5e). Die rechtwinklig aufeinander stoßenden Wandelemente wurden ebenso wie die Deckenplatten mit selbstbohrenden Holzschrauben untereinander verbunden. Geneigt angeordnete selbstbohrende Holzschrauben verbanden auch die Wandelemente mit den aufgelagerten Deckenplatten. Die in einer Ebene gestoßenen Wandelemente wurden durch einen gefalzten Stumpfstoß mit einer Stoßdeckleiste aus Furnierschichtholz und selbstbohrenden Holzschrauben ausgebildet.

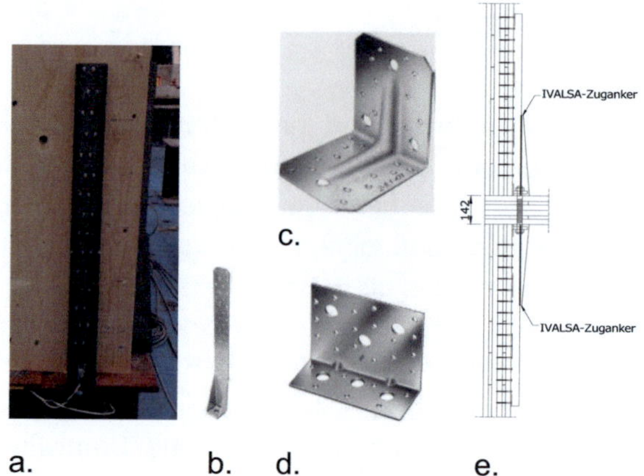

Abb. 5   a. IVALSA-Zuganker, b. HTT22 Zuganker, c. Stahlwinkel obere Geschosse, d. Stahlwinkel Erdgeschoss, e. Zwischengeschossverbindung

Die Anzahl der Verbindungsmittel wurde der Größe der Lasten angepasst. In den oberen Stockwerken wurden weniger Verbindungsmittel verwendet, da dort kleinere Lasten auftreten. Die Anzahl der Kammnägel der Stahlwinkel und HTT22-Zuganker (die IVALSA-Zuganker wurden mit Schrauben befestigt) wurde durch Vorversuche bestimmt und so eingestellt, dass ein duktiles Versagen auftrat. Andere Verbindungen wie die Wand-Eckverbindungen, die Verbindung der Deckenplatten untereinander und die Befestigung der Deckenplatten auf den

Wänden wurden stärker ausgebildet, da dort ein Versagen nicht erwünscht war.

2.3 Bemessung

Die Bemessung von Gebäuden kann mit dem vereinfachten Antwortspektrenverfahren nach Eurocode 8 durchgeführt werden, falls unter anderem bestimmte Regelmäßigkeitskriterien im Aufriss wie zum Beispiel über alle Geschosse durchlaufende horizontale Aussteifungen eingehalten sind. Dieses vereinfachte Antwortspektrenverfahren wird hier anhand des dreistöckigen SOFIE-Hauses kurz vorgestellt (Hintergründe siehe 3, 4].

Die Gesamterdbebenkraft F_b wird wie folgt ermittelt:

$$F_b(T_1) = S_d(T_1) \times m \qquad (1)$$

mit S_d = Ordinate des Bemessungsspektrums bei der Periode T_1 und m = Masse des zu bemessenden Gebäudes.

Die Eigenschwingdauer des Dreistöckers in der betrachteten Richtung war T_1 = 0,20 s, daraus folgt die Ordinate zu:

$$S_d(T_1) = a_g \times S \times \frac{2,5}{q} \qquad (2)$$

mit a_g = Bemessungs-Bodenbeschleunigung = Wert der Spitzenbeschleunigung eines Erdbebens ausgedrückt als Bruchteil der Erdbeschleunigung $g = 9.81$ m/s^2; z.B. 0,35g = 35% von g; S = Bodenparameter; q = Verhaltensbeiwert.

Diese Gesamterdbebenkraft wird dann in horizontale Kräfte per Geschoss aufgeteilt:

$$F_i = F_b \frac{z_i \cdot m_i}{\sum z_j \cdot m_j} \qquad (3)$$

mit z_i, z_j als Höhen der Massen m_i, m_j über der Ebene, in der F_b angreift (üblicherweise das Fundament).

Danach kann eine gewöhnliche Bemessung unter Berücksichtigung dieser horizontalen Kräfte durchgeführt werden. Die Bodenparameter, Spitzenbeschleunigungen und die Bemessungsspektren sind im Eurocode 8 mit nationalem Anhang für alle Gebiete festgelegt.

Der den Ingenieur interessierende Faktor ist der sogenannte Verhaltensbeiwert q aus Gleichung (2). Um einen Mehraufwand durch nichtlineare Berechnungen zu vermeiden, wird eine lineare Berechnung mit Erdbebenlasten durchgeführt, die, entsprechend der Fähigkeit des zu bemessenden Tragwerkes Energie durch duktiles Verhalten und andere Mechanismen wie Reibung zu dissipieren, durch den Verhaltensbeiwert q vermindert sind. Dieser q-Wert ist für jedes Tragwerk vom Bemessungsingenieur auszuwählen. Die Einführung dieses Verhaltensbeiwerts vereinfacht die Bemessung enorm, da nicht mit komplexen nichtlinearen Berechnungen, sondern linear mit verminderten Lasten, die der Duktilität und Energiedissipation des Tragwerkes Rechnung tragen, bemessen werden kann.

Die Bemessung des SOFIE-Gebäudes von Abb. 2 wurde mit den Parametern für Italien durchgeführt (siehe Tab. 1).

Tab. 1   Erdbebenkräfte auf Dreistöcker

Gebäudemasse

Dach		45 kN
2. OG		210 kN
1. OG		210 kN
	TOT	**465 kN**

Erdbebenlasten

Gesamterdbebenkraft			
Zone 1; a_g =		0,35	
T1		0,20	
Bodenklasse B S=		1,25	
q		1	
F_b = 2,5*(W*S*a_g)/q		**509**	**kN**
Verteilung auf Stockwerke			
Höhe			
	Hr (Dach) =	9,40	m
	H2 (2.OG) =	6,18	m
	H1 (1.OG) =	3,09	m
Horizontalkräfte per Geschoss			
	Fr =	91	kN
	F2 =	279	kN
	F1 =	139	kN
Querkraft per Geschoss			
	Tr =	91	kN
	T2 =	370	kN
	T1 =	509	kN

Der Wert der Bemessungs-Bodenbeschleunigung betrug a_g = 0,35g, der höchsten in Italien (in Deutschland in Erdbebenzone 3 a_g = 0.8 m/s^2 = 0.08g) und der Bodenparameter

S = 1,25. Die Erstbemessung ging von einem rein elastischen Gebäudeverhalten aus – der Verhaltensbeiwert war deshalb q = 1,0; es wird keine Energie durch tatsächliches nichtlineares Verhalten dissipiert. Falls z.B. der Verhaltensbeiwert für eine BSP-Konstruktion zu q = 2 bestimmt worden wäre, würde die Gesamterdbebenkraft die Hälfte des in Tab. 1 gegebenen Wertes betragen. Mit den ermittelten Erdbebenkräften wurde dann das Gebäude mitsamt seiner Verbindungen bemessen.

Um eine Erdbebenbemessung von (einfachen) Brettsperrholzgebäuden zu ermöglichen, muss also der Verhaltensbeiwert q bestimmt werden, falls keine überdimensionierten Gebäude entstehen sollen, die sich auch unter hohen Erdbebenlasten linear-elastisch verhalten.

3 Versuche auf dem Rütteltisch

Für die Erdbebenversuche wurde FSC/PEFC-zertifiziertes Fichtenholz aus dem Trentino nach Deutschland transportiert, wo die BSP-Elemente hergestellt wurden. Die fertigen Elemente wurden zusammen mit den Verbindungsmitteln nach Japan verschifft. Es wurden ein dreistöckiges und ein siebenstöckiges Haus produziert. Diese beiden Häuser wurden einer ganzen Reihe von Erdbeben ausgesetzt und zwischendurch, falls notwendig, repariert. Die gewählten Erdbeben waren das große japanische Erdbeben von Kobe 1995 (im folgenden JMA Kobe genannt), eines der verheerendsten Erdbeben der letzten Jahrzehnte, ein italienisches Erdbeben (Nocera Umbra 1997) sowie El Centro, ein Referenzerdbeben der Forschung (nur Dreistöcker) und das Kashiwazaki-Erdbeben vom Juli 2007 (nur Siebenstöcker), das einige Wochen vor den Versuchen passierte. Alle Erdbeben wurden zuerst skaliert mit kleinen Beschleunigungen aufgebracht, die im Lauf der Versuchsserie immer weiter gesteigert wurden. Die einzelnen, skalierten Erdbeben wechselten sich mit einem sogenannten Step-Input ab, bei dem die Gebäude in Schwingung versetzt wurden und frei ausschwingen konnten. Damit konnte die Entwicklung der Eigenfrequenzen vor und nach den einzelnen Erdbeben und da-

mit die Beschädigung der Gebäude beobachtet werden.

Die originalen Spitzenbeschleunigungen der gewählten Erdbeben und die verwendeten Komponenten lauten:

- JMA Kobe: Nord-Süd 0,82g, Ost-West 0,6g, Up-Down 0,34g (Dreistöcker allein N-S), Magnitude 7,2 auf Richter-Skala;
- El Centro (nur Dreistöcker): 0,3g, Magnitude 6,7 auf Richter-Skala;
- Nocera Umbra: 0,5g, Magnitude 5,8 auf Richter-Skala;
- Kashiwazaki R1 (nur Siebenstöcker): Nord-Süd 0,68g, Ost-West 0,311g, Up-Down 0,408g, Magnitude 6,8 auf Richter-Skala.

3.1 Methode zur Bestimmung des Verhaltensbeiwertes q

Ein wichtiges Konzept in modernen Erdbebennormen ist der Verhaltensbeiwert q. Er berücksichtigt die Fähigkeit von Strukturen, Energie u.a. durch nichtlineares Verhalten zu dissipieren und somit selbst außergewöhnliche Erdbeben ohne totales Versagen (Verlust von Menschenleben durch Einsturz) zu überleben – der sog. „near-collapse"-Zustand. Der q-Wert für eine bestimmte Konstruktionsart kann bestimmt werden, indem ein numerisches Modell erstellt wird, das in der Lage ist, die nichtlineare Antwort des Systems auf verschiedene reale Erdbeben zu simulieren. Solche numerischen Modelle sind jedoch ohne Versuche nur schwer zu verifizieren; für jede „neue" Konstruktionsart, die in die Erdbebennormen aufgenommen werden soll, kann deshalb auf Versuche nicht verzichtet werden. Die experimentelle Bestimmung des q-Wertes kann dabei auf folgendem Weg erfolgen:

- Bemessung der Konstruktion mit q = 1 (lineares, rein elastisches Verhalten) für einen bestimmten Bemessungswert der Bodenbeschleunigung (hier a_g = 0,35g);
- Definition eines „near-collapse"-Kriteriums, hier das Versagen in einem oder mehreren Zugankern, und Durchführen der Erdbebenversuche unter Erhöhung

der Bodenbeschleunigung, bis das „near-collapse"-Kriterium erreicht ist;

- Interpretation der Prüfergebnisse und Ermittlung des q-Wertes als Verhältnis zwischen derjenigen Bodenbeschleunigung $a_{g,u}$, die zum „near-collapse" geführt hat, und des Bemessungswertes der Bodenbeschleunigung (hier a_g = 0,35g).

Dies ist offensichtlich eine erste Näherung zur Bestimmung des q-Wertes, die nur für das geprüfte Gebäude und dasjenige Erdbeben gilt, bei welchem der „near-collapse" Zustand erreicht wurde. Für eine allgemeine und vertrauenswürdige Aussage zum Verhaltensbeiwert q ist ein gutes numerisches Modell, kalibriert mit den Prüfergebnissen, vonnöten. Aus der Literatur können weitere Informationen zu Bemessung und q-Wert-Bestimmung entnommen werden [9, 10].

3.2 Messtechnik

Eine große Herausforderung bei solchen (dynamischen) Versuchen ist die Frage, welche Parameter wie gemessen werden sollen. Die vier wichtigsten Werte sind:

- Relative horizontale Verschiebung der einzelnen Stockwerke, gemessen zwischen Bodenplatte und Deckenplatte (Abb. 6a);
- Vertikales Abheben der Zuganker, vor allem in den Hausecken (Abb. 6b);
- Relativverschiebungen der Wandelementverbindungen in einer Ebene (gefalzter Stumpfstoß mit Stoßdeckleiste) (Abb. 7a);
- Beschleunigungen in den unterschiedlichen Geschossen (Abb. 7b).

Die erstgenannten drei Verbindungen sind so bemessen, dass dort das erwünschte duktile Verhalten mit Energiedissipation stattfindet. Die Verschiebungen aller anderen, stärker bemessenen Verbindungen wie die Verbindung der rechtwinklig aufeinander stoßenden Wandelemente oder die Verbindung zwischen Deckenelementen und untenliegenden Wandelementen wurden ebenfalls mit Wegaufnehmern gemessen. Damit kann überprüft werden, ob dort wie in der Bemessung festgelegt auch tatsäch-

lich nur geringe Verschiebungen auftreten. Diese bereits erwähnte „Hierarchie" der Verbindungen sorgt dafür, dass als kritisch angesehene Verbindungen wie bspw. die Wand-Eckverbindungen oder die Befestigung der Deckenplatten auf den untenliegenden Wandelementen auf keinen Fall versagen. Ein Versagen dieser Verbindungen könnte zum Einsturz des Gebäudes führen.

 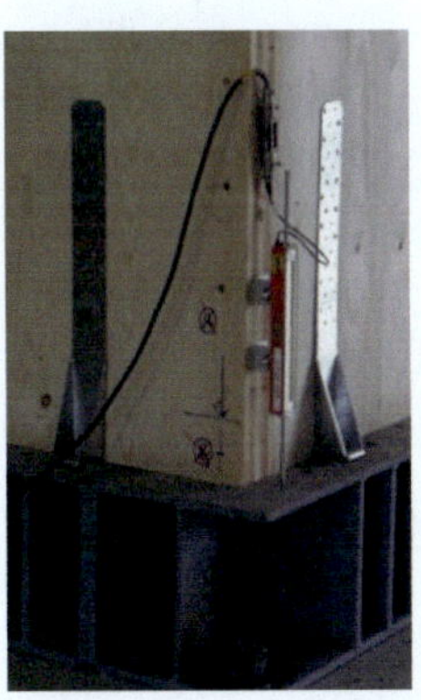

a   b

Abb. 6   a Relativverschiebung,
*   b Abheben*

 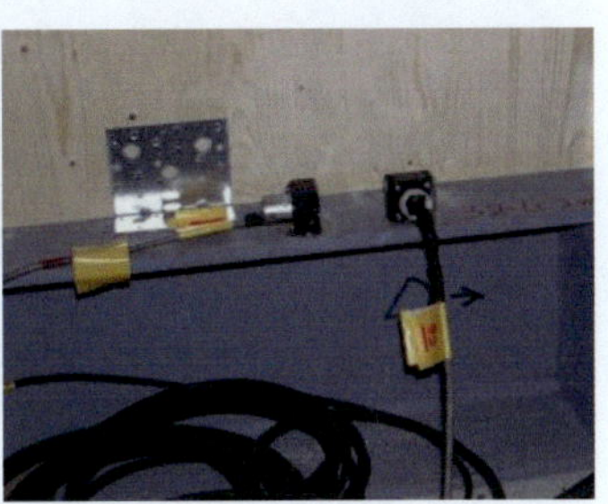

a   b

Abb. 7   a Verschiebung Wandelemente,
*   b Beschleunigungsmessgeräte*

Vor der Reihe der aufgelisteten Erdbeben wurden die Konfigurationen A und B bereits mit allen drei Erdbeben mit jeweils $a_{g,test}$ = 0,15g und $a_{g,test}$ = 0,5g geprüft sowie Konfiguration C mit allen drei Erdbeben mit 0,15g Spitzenbeschleunigung – d. h. 15 Erdbeben. Die bis zu diesem Zeitpunkt beobachteten Schäden waren bei 0,15g nicht vorhanden (keine Veränderung der Eigenfrequenz des Gebäudes) und bei 0,5g sehr klein.

Tab. 2   Dreistöcker, Ergebnisse für Konfiguration C für Erdbeben ab 0,5g

Aufzeichnung	$a_{g,test}$	Reparatur vor dem Versuch	Beobachteter Schaden nach dem Versuch
Nocera Umbra	0,50g	Festziehen der Zugankerschrauben	Keine sichtbaren Schäden
El Centro	0,50g	Festziehen der Zugankerschrauben, Ersetzen der Schrauben im Vertikalstoß zwischen den Wandelementen	Keine sichtbaren Schäden
JMA Kobe	0,50g	Idem	Keine sichtbaren Schäden
JMA Kobe	0,80g	Idem	Leichte Verformung der Schrauben des Vertikalstoßes zwischen den Wandelementen
JMA Kobe	0,50g	Idem	Keine sichtbaren Schäden
JMA Kobe	0,50g	Festziehen der Zugankerschrauben	Keine sichtbaren Schäden
JMA Kobe	0,80g	Ersetzen der Zuganker und Schrauben im Vertikalstoß zwischen den Wandelementen	Leichte Verformung der Schrauben des Vertikalstoßes zwischen den Wandelementen
Nocera Umbra	1,20g	Festziehen der Zugankerschrauben, Ersetzen der Schrauben im Vertikalstoß zwischen den Wandelementen	**Zugankerversagen** (siehe Abb. 8) und Verformung der Schrauben des Vertikalstoßes zwischen den Wandelementen

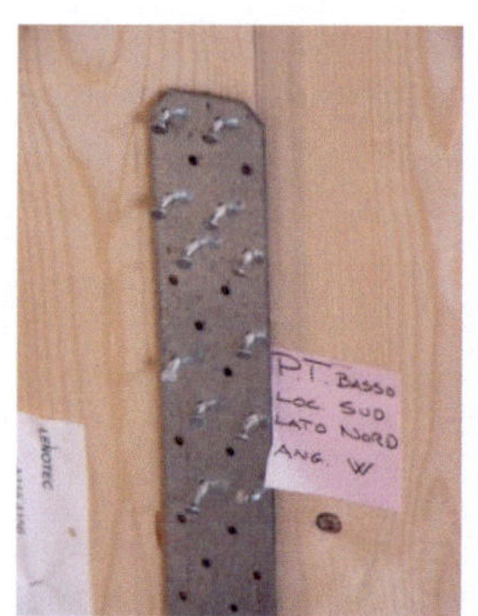

Abb. 8   Dreistöcker, Zugankerversagen nach Nocera Umbra 1,20g

Wie aus Tab. 2 ersehen werden kann, wurde der „near-collapse"-Zustand nach dem Erdbeben von Nocera Umbra mit $a_{g,u}$ = 1,20g erreicht. Die beschädigten Zuganker sind in Abb. 8 dargestellt.

Es muss betont werden, dass das Gebäude eine Serie von 14 „zerstörerischen" Erdbeben mit Spitzenbeschleunigungen von 0,5g und mehr ohne größere Reparaturen überlebt hat. In Wirklichkeit muss ein Gebäude nur eines dieser Erdbeben ohne Einsturz überstehen. Selbst nach Nocera Umbra mit 1,20g und dem Erreichen des „near-collapse"-Kriteriums blieb das dreistöckige Haus ohne bleibende Verformungen aufrecht stehen. Ein Einfluss der

asymmetrischen Öffnung konnte nicht festgestellt werden.

3.3   Ermittlung Verhaltensbeiwert q

Die Bemessungsbeschleunigung war a_g = 0,35g. Die Bodenbeschleunigung, bei der der „near-collapse" Zustand des Hauses erreicht wurde, war $a_{g,u}$ = 1,20g. Wenn man nun also das oben beschriebene Verfahren anwendet, resultiert der Verhaltensfaktor q wie folgt:

$$q = \frac{a_{g,u}}{a_g} = \frac{1,20}{0.35} = 3,4 \qquad (4)$$

Dieser Wert gilt nur für das Erdbeben von Nocera Umbra und für die geprüfte Konstruktion. Um allgemeingültige Aussagen zum q-Wert für BSP-Systeme zu machen, sind weitere Untersuchungen mit anderen Erdbebenaufzeichnungen und Gebäudeformen notwendig. Dafür wurde ein numerisches Model entwickelt [9], dessen Berechnungsergebnisse für verschiedene Erdbeben zu q-Werten zwischen 3,00 und 4,57 führten, was die Versuche bestätigt. Auch in der Literatur finden sich ähnliche q-Werte für massive Holzbauweisen [7, 8].

Ein Wert von q = 3,4 ist vorerst nur ein Indiz für ein wahrscheinlich günstiges Verhalten von BSP-Gebäuden in Erdbebengebieten. Weitere

Schlussfolgerungen zum Verhaltensbeiwert q können nach den Versuchen am Siebenstöcker gezogen werden.

3.4 Versuchsablauf und Ergebnisse Siebenstöcker

Nach der erfolgreichen Durchführung der Erdbebenversuche am Dreistöcker wurde im Oktober 2007 eine siebenstöckige BSP-Konstruktion (Abb. 3b) auf dem großen Erdbebentisch des NIED in Kobe geprüft - siebenstöckig, weil ein noch höheres Gebäude nicht in die Versuchshalle gepasst hätte. Der 15 x 20 m große Tisch arbeitet dreidimensional, es kann also ein Erdbeben mit all seinen räumlichen Komponenten auf die zu prüfende Struktur aufgebracht werden.

Die Bemessung des Gebäudes wurde in diesem Fall nicht mit einem Verhaltensbeiwert q = 1 ausgeführt, sondern mit q = 3; dem Wert, der aus der ersten Erdbebenversuchsreihe resultierte.

Das Versuchsprogramm ist in Tab. 3 wiedergegeben und war kleiner als beim dreistöckigen Gebäude; es stand weniger Zeit zur Verfügung und es wurde lediglich eine einzige Konfiguration geprüft. Die drei gewählten Erdbeben, JMA Kobe, Nocera Umbra und Kashiwazaki, wurden in einer ersten Serie in 1D aufgebracht, jeweils mit ihren Ost-West und Nord-Süd-Komponenten. Die in Abb. 3a definierte Richtung y entspricht der Nord-Süd-Komponente (N-S) der Erdbeben, die entlang der langen Seite des Gebäudes wirkte, während die Richtung x, die kurze Seite des Gebäudes, die Bewegungsrichtung der Ost-West-Komponente (O-W) war.

In einer zweiten Testreihe wirkten die beiden japanischen Erdbeben in ihrer Originalintensität und in 3D auf das Gebäude ein. Auch hier wurde zwischen den einzelnen Belastungen ein Step-Input durchgeführt, um die Entwicklung der Eigenfrequenz und damit die Beschädigung des Gebäudes zu beobachten. Die Prozentzahlen hinter den Erdbebennamen und der Komponentenangabe in Tab. 3 geben wieder, ob die Beschleunigungen der Erdbeben skaliert wurden oder ob sie in ihrer Originalstärke, d. h. mit 100% Intensität, verwendet wurden.

Auch bei dieser Versuchsreihe traten bis zum „near-collapse" keine signifikanten Schäden auf, die nicht reparabel waren. Nach den 3D-Erdbeben mussten die Zugankerbolzen wieder festgezogen werden und einige Kammnägel in den Stahlwinkeln in den Gebäudeecken und an Öffnungen wurden ein wenig herausgezogen und wieder vollständig eingeschlagen. Der „near-collapse" war wie beim dreistöckigen Haus das Versagen von Zugankern. Beim Abbau des Gebäudes wurde weiterhin beobachtet, dass die Schrauben u.a. des Vertikalstoßes zwischen Wandelementen nicht plastisch verformt waren.

Tab. 3   Versuchsprogramm Siebenstöcker

Einwirkung	Spitzen-Bodenbeschleunigung		
	in x	in y	in z
step 2D	0.3g	0.3g	-
Nocera Umbra O-W 1D 70%	-	0.35g	-
Nocera Umbra O-W 1D 100%	-	0.5g	-
JMA Kobe N-S 1D 60%	-	0.5g	-
JMA Kobe O-W 1D 50%	0.3g	-	-
step 2D	0.3g	0.3g	-
JMA Kobe N-S 1D 100%	-	0.82g	-
step 2D	0.3g	0.3g	-
JMA Kobe O-W 1D 100%	0.6g		-
step 2D	0.3g	0.3g	-
step 2D	0.3g	0.3g	-
JMA Kobe 3D 100%	0.6g	0.82g	0.34g
step 2D	0.3g	0.3g	-
step 2D	0.3g	0.3g	-
Kashiwazaki R1 3D 50%	0.155g	0.34g	0.204g
step 2D	0.3g	0.3g	-
step 2D	0.3g	0.3g	-
JMA Kobe 3D 100%	0.6g	0.82g	0.34g
step 2D	0.3g	0.3g	-
step 2D	0.3g	0.3g	-
Kashiwazaki R1 3D 100%	0.311g	0.68g	0.408g
step 2D	0.3g	0.3g	-

Auch das siebenstöckige Gebäude, das bereits mit einem Verhaltensbeiwert von q = 3 und damit verringerten Erdbebenkräften im Vergleich zu einem rein linear-elastischen Gebäudeverhalten bemessen wurde, überstand eine ganze Reihe von Erdbeben mit Spitzenbeschleunigungen von über 0,5g. Auch hier konnten keine bleibenden Verformungen gemessen werden; das Gebäude blieb in seiner ursprünglichen Form stehen. Die beschädigten Verbindungen waren reparabel. Abgesehen von Lochleibungsverformungen bei den versagten Verbindungen erlitten die Holzelemente keinerlei

Beschädigung. Sie wurden übrigens wieder nach Italien zurückverschifft und wurden dort weiterverwendet.

Die gemessenen Verformungen „Abheben der Zuganker" und „Relativverschiebung zwischen den Geschossen" erbrachten keine kritischen Werte bei einem Vergleich mit den Ergebnissen der Vorversuche. Der maximale Wert des Abhebens im Erdgeschoss betrug während des JMA Kobe-Erdbebens in 3D mit 100% Intensität (originales Erdbeben, nicht skaliert) 13,2 mm und ist somit kleiner als der Wert von 30 mm, bei dem in den Vorversuchen die Zugankerverbindung versagte. Das in den Vorversuchen geprüfte Wandelement versagte bei einer Horizontalverschiebung von 80 mm. Der während der Versuche (wieder JMA Kobe 3D bei 100% Intensität) gefundene Maximalwert der Relativverschiebung hingegen betrug 67 mm zwischen erstem und zweitem Stock und ist somit wiederum kleiner.

4   Schlussdiskussion

Beide Erdbebenversuchsreihen bestätigten die Erdbebentauglichkeit von BSP-Gebäuden. Weder das dreistöckige noch das siebenstöckige Gebäude wurde auf kritische Art und Weise beschädigt, die zu einem Einsturz hätte führen können, und es wurden keinerlei bleibende Verformungen nach Beendigung einer ganzen Reihe von Versuchen gemessen.

Mithilfe der ersten Versuchsreihe am dreistöckigen Haus wurde zudem ein erster Richtwert für den Verhaltensbeiwert q ermittelt, mit dessen Hilfe bemessende Ingenieure für konstruktiv einfache BSP-Gebäude eine schnelle und einfache Erdbebenbemessung durchführen können. Mit dem gefundenen q-Wert von 3 wurde dann das siebenstöckige Haus bemessen, das ebenso gut den einwirkenden Erdbeben widerstehen konnte. Damit, und zusätzlich mit numerischen Modellen, konnte der erste Richtwert von 3 bestätigt werden. Andere Wissenschaftler bestätigen diese Ergebnisse und das generell gute Verhalten von BSP-Gebäuden unter Erdbebeneinwirkungen [8, 11].

Weiterhin wurde die Bedeutung einer sorgfältigen Ausführung der Verbindungen sehr deutlich, da das gesamte nichtlineare Verhalten der BSP-Bauweise durch die Verbindungen bestimmt wird.

5   Literatur

[1] DIN EN 1998-1:2010, Eurocode 8: Auslegung von Bauwerken gegen Erdbeben – Teil 1: Grundlagen, Erdbebeneinwirkungen und Regeln für Hochbauten. CEN, 2010 mit DIN EN 1998-1/NA:2011 Nationaler Anhang

[2] Erdbebengerechte mehrgeschossige Holzbauten. Technische Dokumentation der Lignum, Herausgeber Lignum Holzwirtschaft Schweiz, 2010

[3] Zeitter H. (2006): Bemessung von Holztragwerken unter Erdbebenbelastung. Tagungsband Ingenieurholzbau Karlsruher Tage, Universität Karlsruhe und Bruderverlag

[4] Walter B. (2008): Erdbebenbemessung im Holzbau nach DIN 4149:2005. Tagungsband Ingenieurholzbau Karlsruher Tage, Universität Karlsruhe und Bruderverlag

[5] Ceccotti A.; Lauriola M.P.; Pinna M.; Sandhaas C. (2006): SOFIE Project – Cyclic Tests on Cross-Laminated Wooden Panels. Tagungsband WCTE, Portland, USA

[6] Lauriola M P, Sandhaas C, Quasi-static and Pseudo-Dynamic Tests on XLAM Walls and Buildings, Tagungsband COST ACTION E29, Coimbra, Portugal, 2006

[7] Blaß, H.J.; Schädle, P. (2011): Verhalten einer Massivholzbauweise unter Erdbebenlasten. Band 18 der Reihe Karlsruher Berichte zum Ingenieurholzbau, Universitätsverlag Karlsruhe

[8] Schädle, P. (2012): Innovative Wandbausysteme aus Holz unter Erdbebeneinwirkungen. Band 19 der Reihe Karlsruher Berichte zum Ingenieurholzbau, Universitätsverlag Karlsruhe

[9] Ceccotti, A. (2008): New Technologies for Construction of Medium-Rise Buildings in Seismic Regions: The XLAM Case. Structural Engineering International, Volume 18, Number 2, S. 156-165

[10] Ceccotti, A.; Sandhaas, C. (2010): A proposal for a standard procedure to establish the seismic behaviour factor q of timber buildings. Tagungsband WCTE, Riva del Garda, Italien

[11] Dujič, B.; Hristovski, V.; Stojmanovska, M.; Žarnić, R. (2006): Experimental investigation of massive wooden wall panel systems subjected to seismic excitation. Tagungsband First European Conference on Earthquake Engineering and Seismology, Genf, Schweiz

Weitere Informationen über das SOFIE-Projekt:
www.progettosofie.it

Informationen über den Rütteltisch:
http://www.bosai.go.jp/hyogo/ehyogo

6 Danksagung

Der Autonomen Provinz Trentino sei für die Finanzierung des Projektes gedankt. Unser besonderer Dank gilt unseren japanischen Kollegen, Dr. Chikahiro Minowa, Prof. Motoi Yasumura, Dr. Minoru Okabe und Dr. Naohito Kawai, ohne die die Durchführung des Projektes nicht möglich gewesen wäre. Darüber hinaus ein herzlicher Dank der Firma Rothoblaas in Kurtatsch, Italien, für die Anfertigung und Mitentwicklung der IVALSA-Zuganker und der Firma Simpson für die HTT-Zuganker.

7 Autorin

Dr.ir. Carmen Sandhaas

Karlsruher Institut für Technologie (KIT)
Holzbau und Baukonstruktionen
R.-Baumeister-Platz 1
76131 Karlsruhe

Kontakt:
Sandhaas@kit.edu

Langzeitüberwachung von Holztragwerken

Peter Fellmoser

Zusammenfassung

Eine Überwachung von Ingenieurbauwerken trägt wesentlich zur Gewährleistung der Gebrauchstauglichkeit, der Dauerhaftigkeit und der Standsicherheit der Bauwerke bei. Dabei wird in jüngster Vergangenheit der Langzeitüberwachung eine zunehmend bedeutendere Rolle zugeordnet. Neben den Möglichkeiten der Langzeitüberwachung im Ingenieurbau, insbesondere im Holzbau, wird in diesem Beitrag beispielhaft ein Monitoring-Konzept für ein Hallenschwimmbad vorgestellt. Das Monitoring-Konzept für die Schwimmhalle beinhaltet ein drahtloses Sensornetzwerk, welches die Holzfeuchte in der hölzernen Dachkonstruktion überwacht und warnt, sobald kritische Werte der Holzfeuchte erreicht werden.

1　Monitoring im Bauwesen

Der Begriff Monitoring beinhaltet die Erfassung oder Überwachung von Vorgängen mit Hilfe von technischen Mitteln. Wichtigster Baustein ist dabei die Wiederholung der Messungen bzw. Beobachtungen über eine bestimmten Zeitraum. Mittels moderner Sensornetzwerke und automatisierter Datenverarbeitung werden am Bauwerk messtechnisch Kennwerte wie Verformungen, Schwingungen, Risse, Temperatur, Feuchte etc. erfasst. Aus dem Vergleich der gewonnenen Messdaten und Informationen lassen sich die entsprechenden Schlussfolgerungen ziehen. Gegebenenfalls muss aufgrund der Erkenntnisse aus dem Monitoring steuernd in den beobachteten Prozess eingegriffen werden, um bei Erreichen kritischer Zustände erforderliche Korrekturen vorzunehmen.

Das Monitoring dient neben der Überwachung von Bauwerken auch zum besseren Verständnis der beobachteten Vorgänge bzw. dazu, neue Erkenntnisse im Hinblick auf Bauteileigenschaften und –verhalten zu gewinnen.

Im Bereich der Überwachung von Ingenieurbauwerken liegt das Hauptaugenmerk des Monitorings auf der Sicherheit des Bauwerks. Jedoch ist neben der Erfassung des Bauwerkszustandes eine Langzeitüberwachung auch im Hinblick auf die Schadensprävention und somit auch für die Reduzierung der Unterhaltungs- und Sanierungskosten von Bedeutung.

2　Bestandteile des Monitorings

Ein Monitoring-Konzept für ein Bauwerk beinhaltet in der Regel drei Hauptbereiche:

- visuelle Inspektionen;

- Erfassung von Kennwerten (Risse, Temperatur, Feuchte, Verformungen, Schwingungen, etc.);

- regelmäßige Kontrolle des Systems.

Bei der Bauwerksüberwachung wurden in den letzten Jahren enorme technische Fortschritte erzielt. Durch die Automatisierung können heutzutage kontinuierlich Messungen durchgeführt werden, während dies in der Vergangenheit nur stichprobenartig, z.B. einmal monatlich oder jährlich, erfolgte. Die im Vergleich zu früheren Überwachungssystemen einfachere Applikation sowie die daraus resultierende Kostenersparnis ermöglichen einen vermehrten Einsatz von drahtlosen Sensornetzwerken für das Monitoring im Bauwesen. Die Entwicklung der Messtechnik ermöglicht den Einsatz einer Vielzahl von Messsensoren zur Datenerfassung. Somit gewinnt das permanente Monitoring im Hinblick auf die Standsicherheit von Bauwerken zunehmend an Bedeutung. Der Anwender hat jederzeit Zugriff auf Informationen über den Zustand des überwachten Bauwerks und kann bei Bedarf im kritischen Fall zeitnah reagieren.

3 Langzeitüberwachung einer Schwimmhalle

Am Beispiel eines Monitoring-Konzeptes für die tragende Holzkonstruktion einer Schwimmhalle wird in diesem Beitrag die kontinuierliche Langzeitüberwachung der Holzfeuchte und der klimatischen Umgebungsbedingungen mittels drahtloser Sensornetzwerke beschrieben.

3.1 Problemstellung

Holz ist ein geeigneter Baustoff für Schwimmhallen im Hinblick auf die Resistenz gegenüber der chlorhaltigen Atmosphäre und des Wärmeleitwiderstandes. Voraussetzung für eine dauerhafte Konstruktion ist, dass die in der statischen Berechnung zugrunde gelegte Nutzungsklasse eingehalten wird.

Ein mangelhaft ausgeführter diffusionsdichter Abschluss der Gebäudehülle hat einen Schwimmbadbetreiber vor erhebliche Probleme mit der Holzkonstruktion der Schwimmhalle gestellt. In den letzten Jahren wurden bereits umfangreiche Sanierungsmaßnahmen durchgeführt, um die Gebäudehülle des Schwimmbades abzudichten. Durch anfallendes Kondenswasser im Bereich der Dachüberstände hat in der Vergangenheit wiederholt eine Durchfeuchtung der Holzkonstruktion stattgefunden. Eine Übersicht des Schwimmbades ist in Abb. 1 dargestellt. Abb. 2 zeigt eine Detailaufnahme des auskragenden Dachrandes, wo früher Probleme durch anfallendes Kondenswasser auftraten.

Abb. 1   Ansicht der Schwimmhalle

Abb. 2   Detailaufnahme der Glasfassade und des auskragenden Dachrandes

Der Anfall von Kondenswasser ist auf Undichtigkeiten im Bereich der Fassaden- bzw. Dachanschlüsse zurückzuführen. Der Innenbereich des Schwimmbades steht durch das Lüftungssystem unter leichtem Überdruck; deshalb entweicht die warme und feuchte Luft im Bereich undichter Anschlüsse infolge des Druckgefälles nach außen. Da die Temperatur in den Außenbereichen der Dachkonstruktion (auskragender Torsionsträger) in der Regel geringer ist als im Innenbereich der Schwimmhalle, kühlt die ausströmende Luft ab und schlägt sich als Kondenswasser an der Holzkonstruktion nieder. Überwiegend in den Wintermonaten ist es deshalb in den letzten Jahren zu erheblichem Anfall von Kondenswasser in den Außenbereichen der Dachkonstruktion gekommen. Dies führte u.a. zur Durchfeuchtung der Holzkonstruktion sowie zu Korrosionsschäden an Stahlbauteilen. Auf den Oberflächen der Holzbauteile waren bei einer ersten visuellen Inspektion zahlreiche dunkel verfärbte Stellen und Spuren von ablaufendem Wasser (Wasserflecken) zu erkennen (Abb. 3). Sichtbare Teile eines Anschlusses mit Stahlbauteilen im Bereich des auskragenden Dachrandes wiesen starke Korrosionsspuren auf. Die ursprünglich vorhandene Feuerverzinkung war, soweit erkennbar, vollständig aufgelöst (Abb. 4).

Abb. 3   ältere, bereits getrocknete Wasserflecken an der Holzkonstruktion erkennbar

Abb. 4   Korrosionsschäden am Anschluss des auskragenden Dachrandes

An kritischen Stellen wurde die Abdichtung im Hinblick auf einen dauerhaft diffusionsdichten Abschluss der Gebäudehülle in der Vergangenheit mehrfach nachgebessert, wodurch sich die gesamte Situation verbessert hat.

Der Schwimmbadbetreiber hat das Ingenieurbüro für Baukonstruktionen Blaß & Eberhart beauftragt, für das hölzerne Dachtragwerk des Freizeit- und Thermalbades ein Monitoring-Konzept zu entwickeln und die gewonnenen Messdaten auszuwerten. Zur Überwachung der hölzernen Tragkonstruktion der Schwimmhalle wurde ein drahtloses Sensornetzwerk installiert, welches die Holzfeuchte in der Dachkonstruktion überwacht und sofort warnt, wenn kritische Werte der Holzfeuchte erreicht werden. Das drahtlose Sensornetzwerk wurde im Juli 2010 installiert.

3.2   Monitoring-Konzept

Das Monitoring-Konzept für die Dachkonstruktion der Schwimmhalle sieht folgende Punkte vor:

- kontinuierliche Überwachung der klimatischen Verhältnisse und der Holzfeuchte an ausgewählten Punkten der hölzernen Dachkonstruktion der Schwimmhalle durch elektronische Datenerfassung mittels eines drahtlosen Sensornetzwerkes;

- jährliche Überwachung durch visuelle Überprüfung der wesentlichen Bauteile vor Ort (Risse/Rissentwicklung, Korrosion, Schimmel- und Pilzbefall; etc.);

- regelmäßige Kontrolle des Überwachungssystems.

Als hygroskopischer Werkstoff passt sich Holz dem Umgebungsklima an. Je nach Zu- oder Abnahme der Holzfeuchte ändert sich auch das Volumen von Holzbauteilen und dessen physikalische und mechanische Eigenschaften. Durch das Holzfeuchtegefälle im Bauteil kann es zu Rissbildungen kommen. Des Weiteren besteht bei einer hohen Holzfeuchte die Gefahr einer biologischen Schädigung von Holzbauteilen durch Pilzbefall.

Ein Monitoring soll frühzeitig Gefahrenpotenziale aufdecken. Neben visuellen Überprüfungen in gewissen zeitlichen Abständen ist hierzu eine kontinuierliche Überwachung unabdingbar.

Die kontinuierliche Überwachung der Luftfeuchte, der Lufttemperatur und der Holzfeuchte an ausgewählten Punkten erfolgt bei der Schwimmhalle über eine elektronische Datenerfassung. Die insgesamt acht Überwachungspunkte wurden auf der Grundlage vorangegangener Untersuchungen festgelegt.

Das Überwachungssystem besteht aus einem Datenlogger, welcher von den insgesamt acht drahtlosen Messsensoren an den jeweiligen Überwachungspunkten Daten per Funk empfängt und diese per Internet zu einer Online-Datenbank weiterleitet. Durch die fortlaufende Dokumentation der Messdaten sind über die Datenbank jederzeit aktuelle Messwerte und Ergebnisse verfügbar. Die Lage der Überwachungspunkte (Standort der Messsensoren) ist in Abb. 5 ersichtlich.

Falls vor Ort keine Internetverbindung besteht, kann auch eine Funkverbindung per Handy für den Datentransfer verwendet werden. Ebenfalls ist ein manuelles Auslesen der Daten vom Datenlogger in bestimmten zeitlichen Abständen möglich.

Die Online-Datenbank kann von mehreren Personen gleichzeitig eingesehen werden und bietet somit komfortabel die Möglichkeit eines gezielten Zugriffs auf die aufbereiteten Messdaten.

3.3 Installation der Messsensoren

Abb. 6 und Abb. 7 zeigen exemplarisch zwei Stellen, an denen Messsensoren installiert wurden. Die Messsensoren wurden mit leitfähigen, isolierten Edelstahlschrauben im auskragenden Dachrand außerhalb der Glasfassade an den Seitenflächen der Brettschichtholzträger befestigt. An diesen Stellen wurde in der Vergangenheit vor den Sanierungsmaßnahmen wiederholt anfallendes Kondenswasser festgestellt. Lediglich der Sensor Nr. 8 ist in der Dachkonstruktion innerhalb der Schwimmhalle installiert.

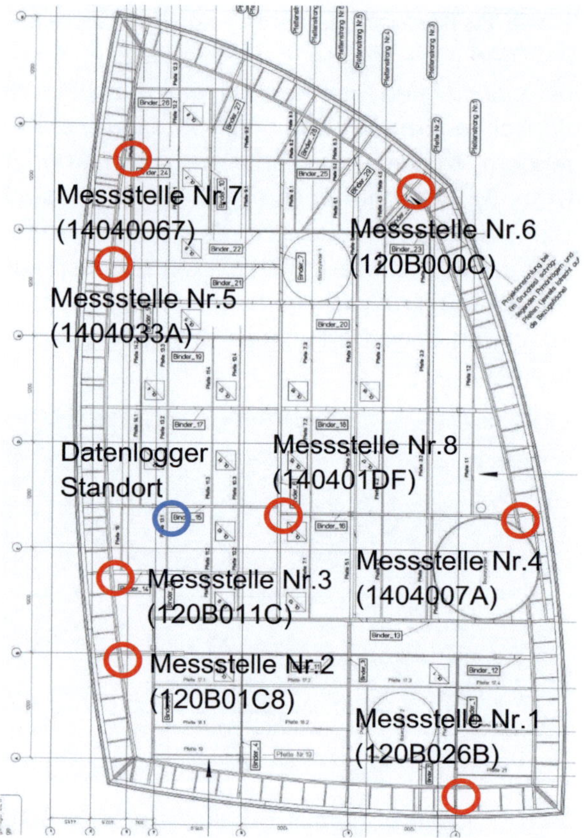

Abb. 5   Lage der Messstellen und des Datenloggers

Vor der eigentlichen Installation der Messsensoren an der Dachkonstruktion der Schwimmhalle wurde das gesamte Messsystem vorab an verschiedenen Holzprüfkörpern getestet. Mit Hilfe von Vergleichsmessungen mit einem kalibrierten Holzfeuchte-Handmessgerät wurde an Prüfkörpern mit unterschiedlicher Holzfeuchte das Sensornetzwerk überprüft. Des Weiteren wurde auch die Entfernung der Sensoren variiert, um die maximale Reichweite annähernd zu ermitteln.

Die Holzfeuchte wird bei den Messsensoren mittels Widerstandsmessung (Messung der elektrischen Leitfähigkeit) über die Befestigungsschrauben in einer Tiefe von ca. 30 mm bestimmt. Als klimatische Umgebungsbedingungen werden die Lufttemperatur und die relative Luftfeuchte über einen externen Drahtsensor erfasst und per Funk an den Datenlogger weitergeleitet. Die Messintervalle können beliebig gewählt werden. Im vorliegenden Fall beträgt das Messintervall eine Stunde.

Abb. 6   Messstelle Nr. 1 im auskragenden Dachrand außerhalb der Glasfassade

Abb. 7   Messstelle Nr. 8 im Innenbereich der Schwimmhalle

Die Reichweite der Messsensoren wird vom Hersteller mit ca. 60 m angegeben. Störende Faktoren wie vorhandene Hindernisse, z.B. Betonwände, oder überlagerte Funksignale durch andere elektronische Geräte mindern die Reichweite der Messsensoren und somit die maximal mögliche Entfernung eines Messpunktes zum Datenlogger. Erforderlichenfalls sind mehrere Datenlogger zu installieren oder alternativ Signalverstärker einzubauen.

Die folgenden Messdaten werden im Rahmen der Überwachung kontinuierlich aufgezeichnet; in Klammer sind jeweils zusätzliche technische Daten vom Hersteller des Datenloggers angegeben [1]:

- Uhrzeit und Datum;

- Lufttemperatur in [°C] (-40°C bis 85°C, Spezifikation ±0,5°C bei 25°C);

  Bei der Lufttemperatur wird die tatsächliche Temperatur der Luft gemessen (unabhängig von stehender / bewegter Luft).

- relative Luftfeuchte in [%] (0% bis 100%, nicht kondensierend, Spezifikation 10% bis 90% ±2,5%);

  Die relative Luftfeuchte beschreibt, wie viel vom maximal möglichen Aufnahmevermögen an Wasserdampf von der Luft aktuell ausgenutzt wird.

- Holzfeuchte in [%] (0% bis 40%, Spezifikation ±1% bei Holz, kalibriert bei 20°C);

  Die Holzfeuchte ist die Masse des im Holz enthaltenen Wassers, ausgedrückt als Anteil der Trockenmasse des Holzes.

- berechnete Taupunkttemperatur in [°C];

  Die Taupunkttemperatur ist definiert als die Temperatur, bei der der aktuelle Wasserdampfgehalt in der Luft dem maximalen Wasserdampfgehalt (100% relative Luftfeuchte) entspricht.

- absolute Luftfeuchte in [g/m³];

  Die absolute Luftfeuchte gibt die vorhandene Masse an Wasserdampf je Kubikmeter Raumluft an.

Abb. 8 zeigt den Datenlogger, Abb. 9 ein bereits an der Holzkonstruktion installierter Messsensor.

Bei Stromausfall kann das Monitoring-System weiterhin Daten aufnehmen: die Messsensoren werden mit Lithiumbatterien versorgt; der Datenlogger verfügt über einen internen Flash-Speicher, welcher Daten zeitversetzt zur Online-Datenbank übermitteln kann. Die Lebensdauer der Batterien wird vom Hersteller in Abhängigkeit der Messintervalle zwischen 2 und 5 Jahren angegeben.

Abb. 8   Datenlogger des Sensornetzwerks

*Abb. 9   installierter Messsensor; ältere, be-
reits getrocknete Wasserflecken an
der Holzkonstruktion erkennbar*

Das Monitoring-System bietet die Möglichkeit, Grenzwerte für die aufgenommenen Messdaten (Holzfeuchte, Luftfeuchte, Temperatur etc.) zu definieren. Bei Über- oder Unterschreitung werden autorisierte Stellen automatisch vom Überwachungssystem per E-Mail informiert; somit können bei Bedarf sofort Maßnahmen ergriffen werden. Für die Holzfeuchte wurde hier ein oberer Grenzwert von 20% definiert. Dieser Wert entspricht der oberen Ausgleichsfeuchte von Holzbaustoffen in Nutzungsklasse 2 nach DIN 1052:2008-12. Ein Pilzbefall unterhalb etwa 20% Holzfeuchte ist nicht möglich.

Zur Kontrolle der automatischen Datenerfassung wurden während der Installation der Messsensoren sowie während der jährlichen Inspektionen Vergleichsmessungen per Hand durchgeführt (Abb. 10). Dabei wurden die Holz-

feuchte, die Luftfeuchte und die Lufttemperatur mit Hilfe eines Holzfeuchtemessgerätes bzw. einer tragbaren Wetterstation gemessen. Der Vergleich der Handmessungen mit den Werten der automatischen Datenerfassung des Monitoring-Systems ergab eine relativ gute Übereinstimmung. Die Holzfeuchte der Handmessung war bei den Vergleichsmessungen prozentual im Mittel ca. 10% höher als die Messdaten der Sensoren. Diese Abweichung wurde bei der Auswertung der Messdaten berücksichtigt.

*Abb. 10 Handmessung der Holzfeuchte im
Vergleich zu den Sensordaten*

3.4   Auswertung der Messdaten

In Abb. 11 ist exemplarisch der Verlauf der gewonnen Messdaten (Luftfeuchte [%], Lufttemperatur [°C], Holzfeuchte [%]) an Messstelle Nr. 4 für den Zeitraum von einer Woche dargestellt. Der Holzfeuchtegehalt beträgt in diesem Zeitraum zwischen 12,0% und 13,4%.

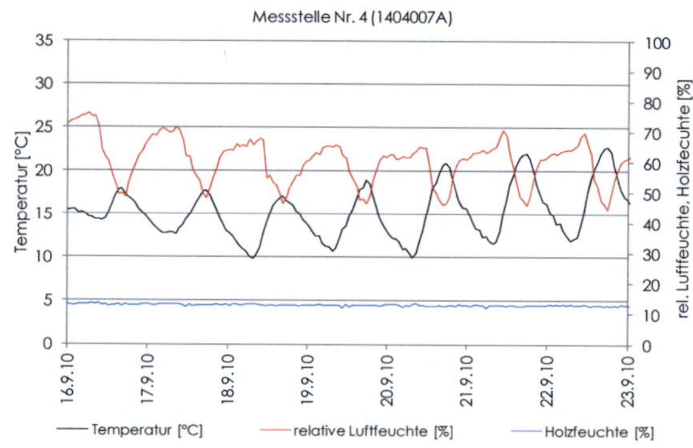

*Abb. 11 Verlauf der Messdaten Lufttempera-
tur, Luftfeuchte und Holzfeuchte von
Messstelle Nr. 4 für den Zeitraum vom
16.09.2010 bis 23.09.2010*

Abb. 12 bis Abb. 14 enthalten eine Übersicht des Verlaufs der Holzfeuchte, der Lufttemperatur und der Luftfeuchte an den 8 Messstellen für den Überwachungszeitraum von Juli 2010 bis Juli 2012.

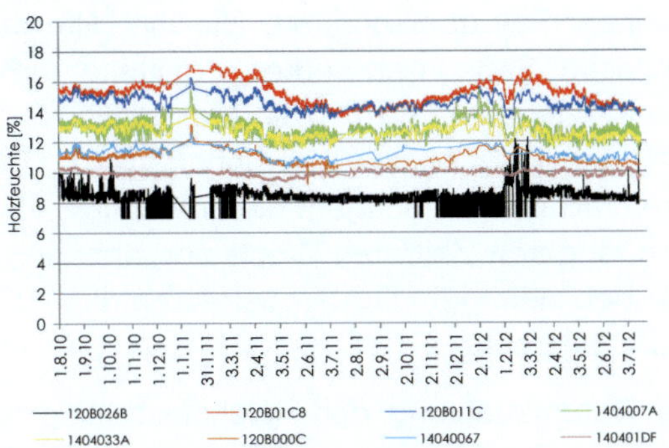

Abb. 12   Verlauf der Holzfeuchte an den acht Messstellen (Zeitraum Juli 2010 bis Juli 2012)

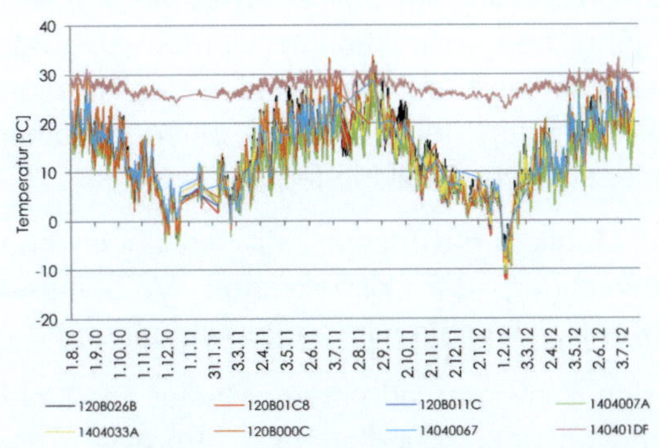

Abb. 13   Verlauf der Lufttemperatur an den acht Messstellen (Zeitraum Juli 2010 bis Juli 2012)

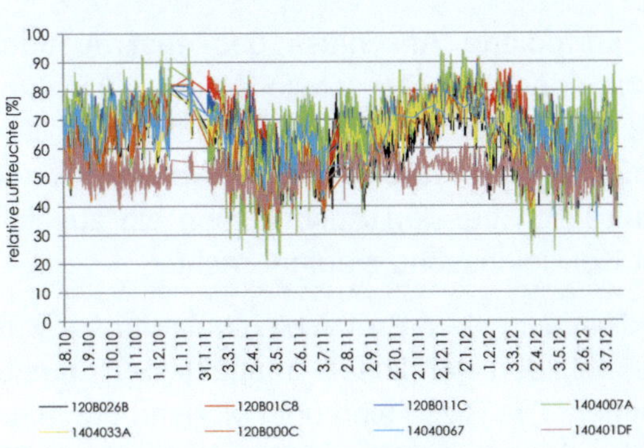

Abb. 14   Verlauf der Luftfeuchte an den acht Messstellen (Zeitraum Juli 2010 bis Juli 2012)

Die gemessene Holzfeuchte liegt während des Überwachungszeitraumes der ersten 2 Jahre in einem Bereich zwischen 7,9% und 17,2% (Mittelwert 12,0%). Die in der Dachkonstruktion innerhalb der Schwimmhalle (Messstelle Nr. 8, Bereich Innenraum Schwimmerbecken) gemessene Holzfeuchte beträgt zwischen 9,3% und 10,4% (Mittelwert 9,8%). Die Luftfeuchte im Innenbereich der Schwimmhalle beträgt im Mittel 50,9% bei einer mittleren Lufttemperatur von 27,5°C.

In den Wintermonaten ist ein Anstieg der Holzfeuchte im Vergleich zu den Sommermonaten zu beobachten. Die maximale Differenz beträgt dabei ca. 5,6%.

Tabelle 1 beinhaltet die Zusammenfassung der gewonnenen Messdaten für die Luftfeuchte, die Lufttemperatur und die Holzfeuchte der Dachkonstruktion der Schwimmhalle während des Überwachungszeitraumes der ersten 2 Jahre.

Tab. 1   Zusammenfassung der Messdaten an den acht Messstellen (Zeitraum Juli 2010 bis Juli 2012)

	Min	Mittel	Max
Temperatur [°C]	-12,2	15,7	33,9
rel. Luftfeuchte [%]	21,1	62,5	95,0
Holzfeuchte [%]	7,9	12,0	17,2

3.5   Probleme während der Messdatenerfassung

Bei den Messsensoren Nr. 6 (Sensornummer 120B000C) und Nr. 7 (Sensornummer 14040067) traten während der Messdatenerfassung zeitweise Störungen auf und der Funkkontakt zum Datenlogger wurde dadurch phasenweise beeinträchtigt (siehe auch Abb. 12 bis Abb. 14). Diese Funkstörungen werden wahrscheinlich infolge überlagerter Funksignale durch andere elektronische Geräte oder Funknetze verursacht. Deshalb liegen bei den Messpunkten Nr. 6 und Nr. 7 während des

Überwachungszeitraumes keine stündlichen Messintervalle vor, sondern Messdaten mit Unterbrechungen von teilweise mehreren Stunden.

Des Weiteren wurde aufgrund eines Software-Updates des Datenloggers, welches online vom Gerätehersteller durchgeführt wurde, die Weiterleitung der aufgezeichneten Messdaten vom Datenlogger zur Datenbank im Zeitraum von Ende Dezember 2010 bis Anfang Februar 2011 teilweise unterbrochen. Die Messdatenerfassung enthält aus diesem Grund für diesen Zeitraum keine kontinuierlich aufgenommenen Daten (siehe auch Abb. 12 bis Abb. 14). Da die Messdaten bezüglich der Holzfeuchte an den acht Messstellen direkt vor bzw. direkt nach der Unterbrechung der Datenerfassung jeweils relativ gut übereinstimmen, kann davon ausgegangen werden, dass in diesem Zeitraum keine kritischen Werte der Holzfeuchte erreicht wurden.

In Abb. 12 ist ersichtlich, dass beim Messsensor Nr. 1 (Sensornummer 120B026B) die Holzfeuchte sprungartig auf einen Wert von 7,0% abfällt und beim nächsten Messintervall (nach einer Stunde) wieder ansteigt. Dieser Sprung ist als Messfehler zu betrachten und wird daher bei der Auswertung der Messdaten nicht berücksichtigt.

Vorsichtshalber wurden nach einem Überwachungszeitraum von zwei Jahren alle Batterien in den acht Messsensoren ausgetauscht, um weiterhin einen Datentransfer zu gewährleisten. Dies ist natürlich mit Aufwand verbunden und kann nur dann umgesetzt werden, wenn die Sensoren auch zugänglich sind. Mittlerweile sind auf dem Markt weiterentwickelte Sensornetzwerke erhältlich. Interessant sind dabei völlig autark arbeitende Datenlogger. Diese versorgen sich selbst über eine eingebaute Lithium-Ionen-Batterie mit Strom. Mittels eines installierten Funkmodems werden die Messdaten direkt an die Datenbank gesendet, ohne dass eine Stromversorgung oder Internetanschluss vor Ort benötigt wird.

3.6 Schlussfolgerungen aus dem Monitoring

Der zu Beginn des Monitorings eingestellte obere Grenzwert der Holzfeuchte von 20% wurde während des Überwachungszeitraumes in keinem Fall überschritten. Die mit Hilfe des drahtlosen Sensornetzwerkes ermittelte maximale Holzfeuchte von 17,2% (Messstelle Nr. 2) ist für die Holzkonstruktion unbedenklich. Der Extremfall fiel an, nachdem die Luftfeuchte über einen längeren Zeitraum Werte von annähernd 90% bei niedrigen Lufttemperaturen von 0°C bis 5°C erreichte.

Eine Durchfeuchtung der Holzkonstruktion mit Anfall von Kondenswasser infolge mangelhafter Abdichtungen konnte somit für den Überwachungszeitraum an den acht Messstellen nicht festgestellt werden.

Bei der Installation der Messsensoren an der Dachkonstruktion im Juli 2010 sowie während der jährlichen Inspektionen wurden ebenfalls keine auffallend feuchten Stellen der Holzkonstruktion festgestellt, die auf einen erneuten Kondenswasseranfall hindeuten.

Das Monitoring-Konzept mit kontinuierlicher Überwachung der klimatischen Verhältnisse und der Holzfeuchte wird weiterhin fortgeführt.

Für den Schwimmbadbetreiber bietet das Monitoring-Konzept grundlegende Vorteile: das drahtlose Sensornetzwerk konnte mit relativ geringem Aufwand installiert werden, die Online-Datenbank ermöglicht jederzeit Zugriff auf die Messdaten und eine eventuell notwendige Sanierungsmaßnahme ist gezielter planbar.

Der korrodierte Anschluss des auskragenden Dachrandes bei Messstelle Nr. 4 wurde mit Hilfe von Stahllaschen und zusätzlichen Verbindungsmitteln verstärkt. Des Weiteren wurde nachträglich bei den Anschlüssen ein zusätzlicher Korrosionsschutz aufgebracht.

Die Risse in den Brettschichtholzträgern wurden bei den jährlichen Inspektionen aufgenommen. Die Risse sind überwiegend durch die Wechselklimabeanspruchung entstanden. Die zur Übertragung der Schub- und Querzugkräfte verfügbare Breite der Brettschichtholzträger wird durch die Risse reduziert. Im vorliegenden

Fall wurde eine Risstiefe von jeder Seite von 1/6 der Querschnittsbreite nicht überschritten. Die Rissentwicklung in den Brettschichtholzträgern wird weiterhin im Rahmen der jährlichen Inspektionen beobachtet. Die Ergebnisse der kontinuierlichen Holzfeuchtemessungen lassen zusätzlich Rückschlüsse auf Rissbildungen ziehen, z.B. bei extremen Schwankungen der Holzfeuchte und daraus resultierende feuchteinduzierten Spannungen.

Die im Rahmen der visuellen Inspektion festgestellten Mängel (z.B. eingerissene Abdichtung) wurden dem Schwimmbadbetreiber mitgeteilt und durch Fachfirmen behoben.

4 Weitere Beispiele der Langzeitüberwachung von Holztragwerken

Neben dem oben aufgeführten Beispiel der Langzeitüberwachung einer Schwimmhalle wurde in den vergangenen zwei Jahren auch die Holzkonstruktion eines Salzsilos überwacht. Bei diesem Projekt wurden in Zusammenarbeit mit der EMPA, Abteilung Holz, CH – 8600 Dübendorf, die Holzfeuchteentwicklung an Dreischichtplatten sowie die klimatischen Umgebungsbedingungen an der Holzkonstruktion des Silos messtechnisch kontinuierlich erfasst. In diesem Fall wurden die Sensoren mit einer Abdeckung vor äußeren Witterungseinflüssen geschützt. Über einen Zeitraum von knapp einem Jahr wurden Holzfeuchten zwischen ca. 8% und 25% ermittelt. Besonders in den Wintermonaten ist die Holzfeuchte deutlich angestiegen.

Neben den beschriebenen Beispielen für die Langzeitüberwachung von Holzbauwerken im Hinblick auf die Holzfeuchteentwicklung in den Bauteilen wurde in den letzten Jahren vermehrt auch ein Augenmerk auf die Überwachung der Schneelast bei Bauwerken gesetzt. Auch hier werden drahtlose Sensorsysteme eingesetzt, welche die Dachkonstruktion permanent überwachen und sofort warnen, wenn kritische Schneelasten erreicht werden.

Abb.15   Messsensoren an einem Salzsilo
(© EMPA)

Abschließend wird an dieser Stelle auf ein Forschungsvorhaben der TU München [3] hingewiesen. Im Rahmen dieses Vorhabens wurden an mehreren Hallen mit Holztragwerken und unterschiedlicher Nutzung über einen längeren Zeitraum Klimadaten und Holzfeuchten messtechnisch kontinuierlich erfasst. Die Ergebnisse des Forschungsvorhabens dienen zur Weiterentwicklung von Monitoring-Systemen. Ebenso lassen sich die bisherigen Klassifizierungen von Gebäuden in Nutzungsklassen überprüfen und Vorgaben für die zu erwartende Ausgleichsfeuchte von Holzbauteilen ableiten.

5 Literatur

[1] GE Measurement and Control Solutions - General Electric Company, 3135 Easton Turnpike, Fairfield, CT 06828. www.ge-mcs.com.

[2] Fellmoser, P. (2011): Monitoring von Holzkonstruktionen. Bauingenieur, Dezember 2011, Band 86, Springer VDI Verlag.

[3] Gamper, A.; Dietsch, P.; Merk, M. (2012): Gebäudeklima – Langzeitmessung zur Bestimmung der Auswirkung auf Feuchtegradienten in Holzbauteilen. Lehrstuhl für Holzbau und Baukonstruktionen, TU München.

6 Autor

Dr.-Ing. Peter Fellmoser

Blaß & Eberhart
Ingenieurbüro für Baukonstruktionen
Pforzheimer Straße 15b
76227 Karlsruhe

Kontakt:
fellmoser@ing-bue.de

Die Eilat Kuppel am Roten Meer

Alfons Brunauer (WIEHAG GmbH)

Zusammenfassung

Eine neue Indoor-Eishalle in Eilat in Israel macht Eislaufen in der südlichsten Stadt Israels möglich. Der Ice Park Eilat bringt das winterliche Vergnügen in die Wüstenstadt am Roten Meer. Die Architektur des Ice Parks ist zudem etwas ganz Besonderes, das Tragwerk der Eishalle besteht zur Gänze aus Holz. Mit einer Kuppel von 105 m Durchmesser ist das Gebäude eines der größten Holzbauwerke im Nahen Osten und auch eines der größten weltweit. Für den Ingenieurholzbau war das österreichische Unternehmen WIEHAG zuständig. Die Holzbauspezialisten haben die spektakuläre Kuppel konzipiert und gebaut. Über die Konstruktion, den Abbund und die Montage wird im folgenden Beitrag berichtet.

1   Einleitung

In einem Land, in dem es (zumindest meines Wissens nach) keine besondere Holzbautradition gibt, ein derartiges Projekt, mit einer Spannweite von 105 m in Holz umzusetzen und zu planen, ist jedenfalls vom Planer und natürlich vom Bauherrn eine mutige Entscheidung. Auf der Suche nach Firmen, die eine derartige Bauaufgabe umsetzen können, stießen sie dabei auch auf unser Unternehmen.

Andere Länder, andere Sitten. Bereits im Zuge der Angebotserstellung und Auftragsvergabe stellten wir fest, dass die von uns gewohnte Hektik (alles muss gestern sein) hier wohl nicht in dem Ausmaß zutrifft.

Von der ersten Anfrage Jänner 2009 bis zum Auftrag November 2010 vergingen bereits mal 2 Jahre.

Nach dieser doch recht mühsamen Reise konnten wir den Bauherrn schlussendlich mit unseren technischen und kaufmännischen Lösungen überzeugen und erhielten, wie bereits erwähnt, den Auftrag im November 2010.

Mit der Ausführung waren wir dann aber ein bisschen schneller. Die Konstruktion konnte Ende Mai 2011 unserem Bauherrn übergeben werden.

2   Last- und Bemessungsnormen

EUROCODES

Bereits im Zuge der Auftragsvergabe haben wir natürlich auch die Last- und Bemessungsnormen festgelegt. Von Tragwerks- sowie Prüfingenieur wurden die EUROCODES akzeptiert. Mit Hilfe des Prüfingenieurs, der auch als Experte im Israelischen Normungsinstitut sitzt, wurden gemeinsam die Eingangsparameter zu den ECs wie Windgrundgeschwindigkeit, Lastfaktoren und k_{mod} - Beiwerte festgelegt. Es sei hier erwähnt, dass dies ein sehr großer Vorteil der EC's ist. Die Normen sind so aufgebaut, dass sie die Sicherheitsbedürfnisse verschiedener Gesellschaften und Baukulturen berücksichtigen können, und zudem durch ihre offenen Eingangsparameter an geänderte Gegebenheiten vor Ort angepasst werden können.

Ein immenser Wettbewerbsvorteil exportorientierter Wirtschaften wie der Deutschlands und Österreichs.

3 Die Konstruktion

3.1 Grundkonzeption

Von Anfang an war klar, die Knoten müssen auf der Baustelle auf einfachste Art zusammenbaubar sein. Alle Bauteile müssen in Container passen. Die Auflager müssen so konstruiert werden, dass wir zumindest die doppelte der uns garantierten Abweichung des Massivbaus aufnehmen können. Alles muss vorgefertigt sein. Und das wichtigste, es muss alles auf die Baustelle kommen, man darf nichts vergessen. In Israel wird man keine Holzbauverbindungsmittel dieser Art bekommen. Auf Grund der politischen Lage braucht man, abgesehen vom Transport selbst, nur um einen Container durch den israelischen Zoll zu bekommen, schon mindesten 2 Wochen.

Die Konstruktion soll möglichst im freien Vorbau montier bar sein, da die Scheitelhöhe der Kuppel ca.30 m über Boden lag und alle Hilfsunterstellungen in unserem Auftrag waren.

3.2 Geometrie Haupttragstruktur

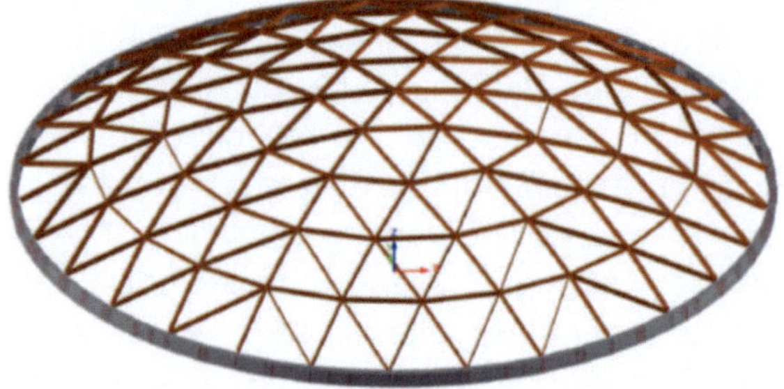

Abb.1   Haupttragstruktur mit Betonring außen

Die Kugelkalotte wurde mit 3 Großkreisen in 6 gleiche Stücke zerschnitten. Die Seiten des Kugeldreieckes wurden nun in 5 gleiche Abschnitte geteilt dadurch erhielten wir 4 Ringe die nun im Umfang 1/30;1/24;1/18 und 1/12 geteilt wurden, sodass sich lauter Stablängen ergaben, die von der Länge in 40 Fuß Container passten.

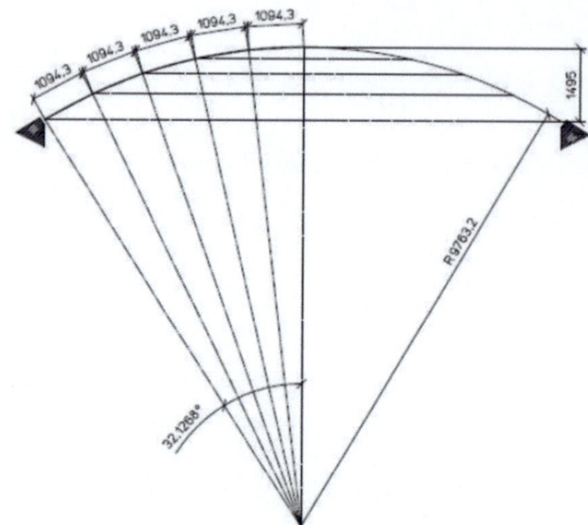

Abb.2   Teilung des Großkreises in 5 Segmente je Seite

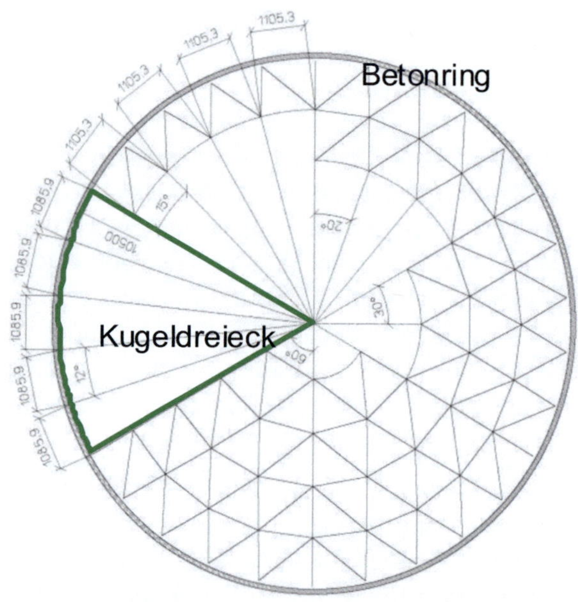

Abb.3   Geometrieentwicklung im Grundriss

Die umlaufenden Ringe wurden daher jeweils um 6 Segmente reduziert. Damit ergaben sich unter Abzug der Ausdehnung des Knotenanschlusses lauter Stäbe, die unter 12,10 m Gesamtlänge lagen.

3.3 Nebentragstruktur

Die Haupttragstruktur bildet nun ebene Dreiecksflächen mit einer Seitenlänge von max. 12,50 m. Die Nebentragstruktur musste nun folgende Aufgaben übernehmen:

Verkürzung der Spannweite für die Dachtragschale in Form von Blechkassetten auf max. 6,25 m sowie Reduzieren der Knicklängen der Hauptstäbe. Die Sekundärkonstruktion soll sich dabei aber nicht am Gesamtsystem beteiligen, also durch hohe Normalkräfte belastet werden. Dies erreichten wir durch den geschickten Einbau von Normalkraftgelenken.

Abb. 4   Nebentragstruktur mit Normalkraftgelenken

Durch diese Vorgehensweise konnte das Sekundärsystem mit einfachen Balkenträgern eingebaut werden. Die Normalkraftgelenke wurden einfach über Langlöcher realisiert.

4   Die Anschlüsse

4.1   Hauptknoten

Der Anschluss der Hauptstäbe musste folgende Anforderungen erfüllen.

- Hohe Biegesteifigkeit (ohne Schlupf).
- Auf der Baustelle nur durch einfache Schraubverbindung zusammenbaubar.
- Bei Beschädigungen von Stäben einfacher Zuschnitt und einfacher Verbindungsmitteleinbau, sodass das Montagepersonal Bauteile mit Hilfe von einigen mitgelieferten Ersatzstäben vor Ort tauschen kann.

- Quellen und Schwinden des Holzes müssen aufnehmbar sein.
- Fertigungsgerechte Gestaltung für die notwendige hohe Genauigkeit der Stahlelemente.

Es gibt hier natürlich eine Vielzahl von Anschlussmöglichkeiten, die von eingeleimten Gewindestäben bis zu Stabdübel-Schlitzblech-Verbindungen reichen.

Wir entschieden uns aber für eine Verbindung mit Vollgewindeschrauben. Der Knoten erfüllt alle unsere Anforderung. Wir verfügen über ausreichende Erfahrung samt den notwendigen Gerätschaften bei der Berechnung, Auslegung und Herstellung derartiger Anschlüsse.

Zudem kennen wir das Verhalten hinsichtlich Steifigkeit und Tragfähigkeit dieser Verbindungsmitteltechnik auf Grund vieler selbst durchgeführter Versuche sehr genau.

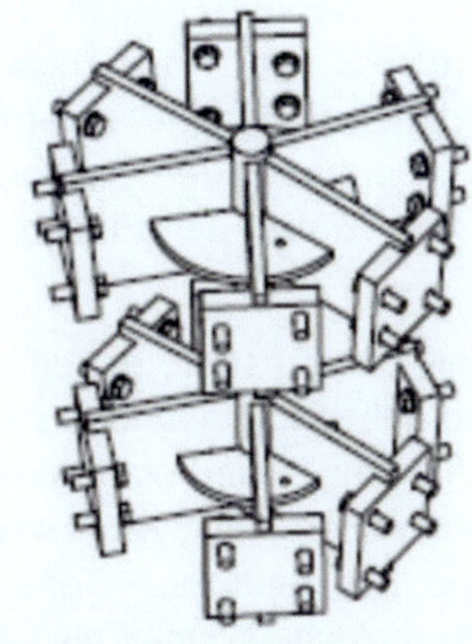

Abb. 5   Sternknoten

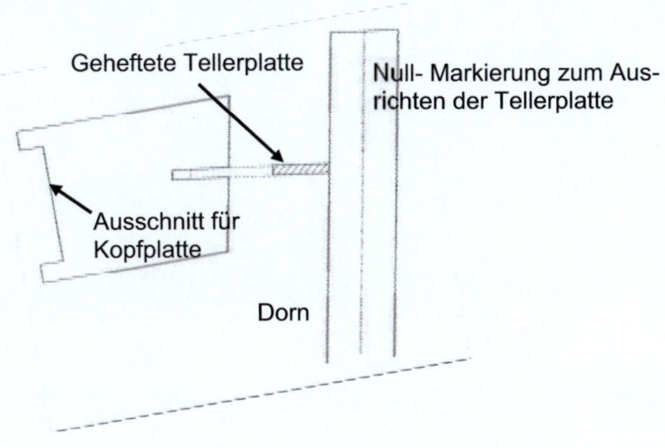

Abb. 6   Zusammenbau der Elemente

Abb. 7   Sternknoten vor der Verladung. Oben
          mit Langloch zur Aufnahme von Quel-
          len und Schwinden

An jedem Hauptknoten waren sechs Stäbe
anzuschließen. Der zentrale Knoten wurde als
Stahlelement hergestellt, bestehend aus:

Mittelwelle, daran angeschweißten T-Elemen-
ten mit den notwendigen Bohrungen für die
Stahlbauschrauben sowie den beiden Tellerscheiben, die einerseits die Knicklänge der
Flachbleche reduzieren und zum andern als
Schablone für die Anordnung der Flachbleche
in der Höhe und im Winkel der Flachbleche
dienen.

Daraus entstand ein Stecksystem, bei dem die
Tellerscheiben nur höhenrichtig und an einer
auf die Welle und auf dem Tellerring markierten
Nullachse ausgerichtet, angeschweißt werden
mussten. Die Lage der restlichen Teile war
damit fixiert. Die Flachbleche können als Laser-
bzw. Brennteile sehr genau zugeschnitten werden.

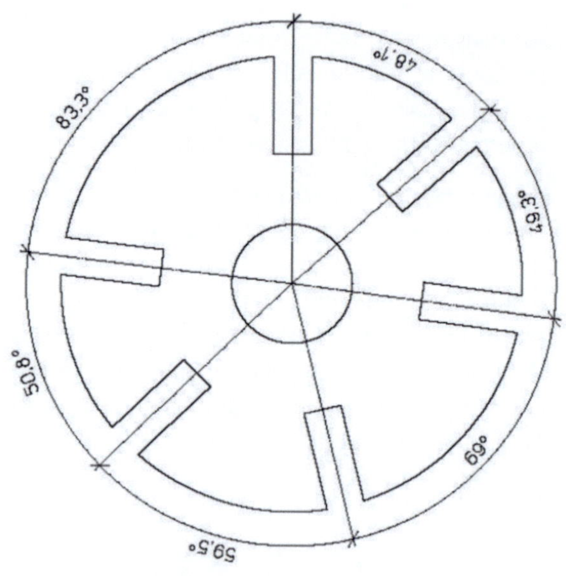

Abb. 8   Tellerscheibe

Die Ausschnitte in der Tellerscheibe sowie Zuschnitt und Ausschnitte der T-Elemente legen
die Richtung auf dem Dorn jedes einzelnen
Elementes fest.

Das Verbindungselement zwischen Holz-und
Sternknoten besteht aus lauter gleichen Plat-
tenelementen mit den Senkbohrungen für die
Vollgewindeschrauben sowie mit jeweils vier
Innengewinden zum Anschluss an den
Stahlstern.

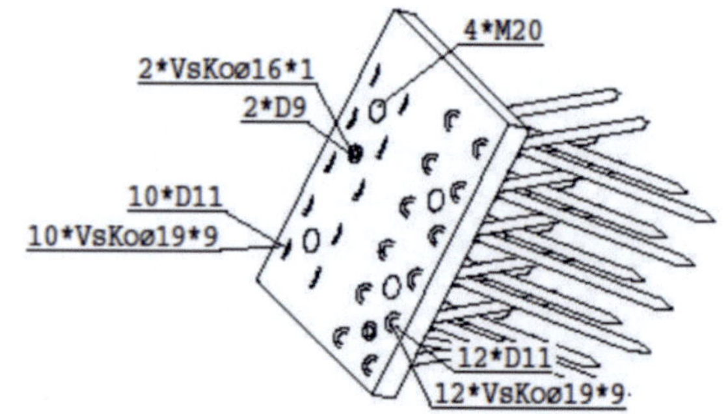

Abb. 9   Verbindungselement Holz-Stern

*Abb. 10   Die einzelnen Elemente auf der Bau-
stelle*

4.2   Anschluss an den Betonring

Hier haben wir ein Anschlusselement samt Anschlussbewehrung ausgeführt. Dieses Element wurde von unseren Monteuren auf der Baustelle exakt ausgerichtet und anschließend von der Baufirma eingegossen. Die versprochenen Genauigkeiten des Massivbaues wurden bei weitem nicht eingehalten. Mit der gewählten Vorgehensweise stellte dies jedoch kein Problem dar.

5   Abbund und Zusammenbau im Werk

Der Abbund der Holzbauteile ist bei diesem System denkbar einfach. Die Bauteile brauchen nur in der Länge richtig und rechtwinkelig zugeschnitten werden.

Die Verbindungselemente müssen aber exakt ausgerichtet und mit geeignetem Schraubgerät montiert werden.

Es muss dabei sichergestellt sein, dass alle Schrauben gleichmäßig sitzen, das heißt, dass alle mit dem gleichen Drehmoment angezogen werden, da sie sonst aufgrund ihrer hohen Ausziehsteifigkeit und ihres spröden Verhaltens nicht gleichmäßig beansprucht werden. Das Anzugsdrehmoment muss dabei so ausgelegt sein, dass es sicher den maximalen Eindrehwiderstand überschreitet, und das Bruchdrehmoment der Schraube selbst unterschreitet.

*Abb.11   Schraubgerät zum Eindrehen der
Vollgewindeschrauben*

Abb.12   Probezusammenbau eines Dreieckes

6   Qualitätssicherung

Zur Sicherung der berechneten und ausgeführten Qualität ist es manchmal ganz sinnvoll, eine zerstörerische Prüfung der Elemente durchzuführen. In diesem Fall hatte die Sache noch einen weiteren Hintergrund. Der Israelische Prüfingenieur ist zwar ein ausgezeichneter Ingenieur, mit dem Holzbau hatte er aber noch nicht besonders viel Kontakt. Nach Abschluss unserer Statik und Fertigstellung der Detailnachweise war vereinbart, dass unser zuständiger Ingenieur die Statik mit ihm gemeinsam bespricht. Um lange Diskussionen hinsichtlich der Tragfähigkeit zu vermeiden, waren uns die Versuchsdaten natürlich sehr hilfreich.

Die berechneten Steifigkeitskennwerte sowie die angenommene Tragfähigkeit des Anschlusselementes wurden durch die Versuche bestätigt.

Unserem Ingenieur wurden nach Vorlage der begleitenden Versuche weitere Diskussionen in Israel erspart. Die Berechnungen und Werkpläne wurde nach Prüfung ohne Einwände freigegeben.

Abb. 13   Prüfung des gesamten Anschlusselementes

Abb. 15   Versuchsaufbau

Abb. 14   Bruch der Vollgewindeschrauben

Nach unserer Erfahrung haben wir das Erreichen der Tragfähigkeit bei 640 kN der Universität Innsbruck angegeben. Der Kleinstwert beim tatsächlichen Versagen war 660 kN. Die charakteristische Zugtragfähigkeit der Schraubengruppe nach Zulassung ist mit 580 kN berechnet.

7   Montage

Nach dem Einrichten der Anschlusselemente an den Massivbau und dem Ausbetonieren durch die Baufirma wurden die Stahlsterne jeweils auf einem der Stäbe am Boden vormontiert, danach wurde der erste Ring mit Hilfsunterstellungen montiert.

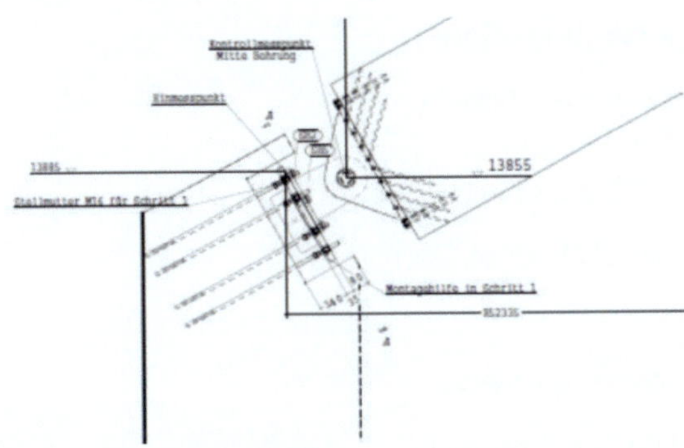

Abb. 16   Detail Auflager

Die Hilfsunterstellungen beim ersten Ring waren notwendig, da der Auflageranschluss gelenkig sein musste.

Abb. 17   Montagebeginn mit Hilfsunterstellungen

Danach ging es im freien Vorbau weiter. Es wurde dabei immer Ring für Ring montiert. Wichtig dabei war, dass die Eigengewichtverformungen gering sind, sonst kriegt man den letzten Stab des Ringes nicht mehr hinein. Dies stellt der von uns gewählte Knoten aber sicher. Die Eigengewichtsverformung der mehr als 10 m auskragenden Stabelemente betrug lediglich

ca. 25 mm mit allen bereits angeschlossenen Elementen.

Abb. 18   Freier Vorbau

Eine zweite Montagepartie zog nach dem Schließen des zweiten Ringens bereits die Nebentragstruktur nach.

Abb. 19   Konstruktion vor dem Einbau der letzten sechs Stäbe

Abb. 20   Knoten im eingebauten Zustand

Auch die letzten Stäbe waren aufgrund der hohen Fertigungs- und Montagegenauigkeit kein Problem.

Abb. 21   Fertig nach 8 Wochen Montage

8   Projektbeteiligte

Bauherr:

Eden Gadish Engineering
Joseph Abraham
18 Totzert Ha Aretz Street

67891 Tel Aviv

Architekt/Planer:

Feigin Architects
Yoel Feigin
19 Maale Hazofim st

52488 Ramat Gan

Holzbaustatik:

WIEHAG GmbH

DI Aldo Müller-Reinholz

9   Autor

DI Alfons Brunauer

WIEHAG GmbH
Linzerstraße 24
A-4910 Altheim

E-Mail: a.brunauer@wiehag.com

Autorenverzeichnis
Karlsruher Tage 2012 - Holzbau - Forschung für die Praxis

DI Alfons Brunauer

WIEHAG GmbH, Linzerstraße 24

A-4910 Altheim

Dipl.-Ing. Markus Enders-Comberg

Holzbau und Baukonstruktionen, Karlsruher Institut für Technologie, R.-Baumeister-Platz 1

76131 Karlsruhe

Dipl.-Ing. Henning Ernst

TimCon, Ingenieurbüro für Baustatik, Konstruktion, Software und Beratung, Eisenbahnstraße 20

76761 Rülzheim

Dr.-Ing. Peter Fellmoser

Blaß & Eberhart, Ingenieurbüro für Baukonstruktionen, Pforzheimer Straße 15b

76227 Karlsruhe

Dipl.-Ing. Marcus Flaig

Holzbau und Baukonstruktionen, Karlsruher Institut für Technologie, R.-Baumeister-Platz 1

76131 Karlsruhe

Dr.-Ing. Rainer Görlacher

Holzbau und Baukonstruktionen, Karlsruher Institut für Technologie, R.-Baumeister-Platz 1

76131 Karlsruhe

Dr.-Ing. Peter Mestek

Sailer Stepan und Partner GmbH, Beratende Ingenieure für Bauwesen VBI, Ingolstädter Straße 20,

80807 München

Dr.ir. Carmen Sandhaas

Holzbau und Baukonstruktionen, Karlsruher Institut für Technologie, R.-Baumeister-Platz 1

76131 Karlsruhe

Tagungsprogramm

Donnerstag, 04.10.2012

KIT Campus Süd, Kollegiengebäude II,
Gebäude 10.50 großer Hörsaal

Ab 12:15 Uhr
Anmeldung, Tagungsunterlagen, Erfrischungen

13:00 Uhr bis 13:15 Uhr
Eröffnung und Begrüßung:
Univ.-Prof. Dr.-Ing. Hans Joachim Blaß (KIT)

13:15 Uhr bis 14:45 Uhr
Fachwerkträger für den industriellen Holzbau
Dipl.-Ing. Markus Enders-Comberg (KIT)

Berechnung von massiven Decken- und Wandelementen aus nachgiebig miteinander verbundenen Brettern
Dr.-Ing. Rainer Görlacher (KIT)

14:45 Uhr bis 15:30 Uhr
Kaffeepause

15:30 Uhr bis 17:00 Uhr
Stabförmige Bauteile aus Brettsperrholz
Dipl.-Ing. Marcus Flaig (KIT)

Punktgestützte Brettsperrholzkonstruktionen - Schubverstärkungen mit Vollgewindeschrauben
Dr.-Ing. Peter Mestek (Sailer Stepan und Partner GmbH)

Ab 19:00 Uhr
Einladung zum Erfahrungsaustausch im Südwerk, Henriette-Obermüller-Str. 10, 76137 Karlsruhe, mit Buffet und
Getränken.

Freitag, 05.10.2012

KIT Campus Süd, Kollegiengebäude II,
Gebäude 10.50 großer Hörsaal

09:00 bis 10:30 Uhr
Neue Anwendungsmöglichkeiten für Vollgewindeschrauben im Ingenieurholzbau
Dipl.-Ing. Henning Ernst (Ingenieurbüro für Baustatik, Konstruktion, Software und Beratung, Rülzheim)

Erdbebenverhalten von mehrgeschossigen Gebäuden aus Brettsperrholz
dr.ir. Carmen Sandhaas (KIT)

10:30 Uhr bis 11:30 Uhr:
Kaffeepause

11:30 Uhr bis 13:00 Uhr
Langzeitüberwachung von Holztragwerken
Dr.-Ing. Peter Fellmoser (Büro Blaß & Eberhart, Karlsruhe)

Die Eilat Kuppel am Roten Meer
DI Alfons Brunauer (WIEHAG GmbH)

Ab 13:00 Uhr
Möglichkeit zur Besichtigung des Prüflabors Holzbau (inkl. Imbiss).